李四光地质科学奖基金会资助
李四光地质科学思想印记科普工程

李四光地质科学思想
——遥感印记

齐建伟　翟浩然　傅征博　陈　颖　编著

地质出版社
·北　京·

序 言

在人类探索地球奥秘的漫长历程中，总有一些光辉的名字，如同星辰般璀璨。李四光，这位中国地质科学的奠基人，以其崇高的爱国情怀和卓越的科学成就，照亮了中国乃至世界地质科学的道路，开启了资源自给的新篇章。在李四光先生诞辰 135 周年之际，李四光地质科学奖基金会策划出版“李四光地质科学思想印记”系列科普丛书，以纪念这位伟大的科学家，传播他的科学思想和科学家精神，激励年轻一代奋发图强，勇闯地质科学事业新高峰。

李四光先生的一生，是对科学真理不懈追求的一生，也是对国家和民族无限忠诚的一生。他的地质科学思想，如同一把把钥匙，开启了地层、古生物、构造、资源、新能源等一扇扇地球科学宝库之门。在他离开五十余年后的今天，当我们回望已经取得的发展成就，运用遥感、地球物理、地球化学、深钻等现代科技手段，不断揭示地球深藏的秘密时，更加深切地感受到李四光先生地质科学思想的前瞻性和预见性。

丛书各卷分别以图文并茂的形式，以印记的方式，拟从遥感、地热、石油、矿产、地震、古生物、冰川等多个角度，回答李四光先生当年的科学预见，展示现代地球科学进展，展现李四光先生地质科学思想从理论到实践，再从实践到发展的历史价值和现实意义。

丛书策划的顺利推进，感谢李四光地质科学奖基金会各理事单位的高度肯定、大力支持，感谢编写团队与出版社全力以赴、精益求精地努力付出。希望通过这套丛书，让更多的人理解李四光先生的科学贡献，了解中国地质科学事业的发展风貌；同时也希望通过这套丛书，激发更多人对地球科学的兴趣和热爱，激励科技工作者不断创新，推动中国地质科学事业再创辉煌。

铭记历史，是为了更好地传承；回望过往，是为了更好地前行。李四光先生的科学精神和爱国情怀，将永远激励着我们在地质科学的道路上，不断求索、创新、攀登！

李四光地质科学奖基金会

2024 年 10 月

前 言

在科技尚未触及星空的年代，李四光凭借对地球的敏锐洞察力和深邃的宇宙视角，仿佛已经掌握现代遥感技术，洞悉了地球的全貌。他的前瞻性不仅体现在对构造体系的精准解析上，更在于他如太空探测器般看到了地球深邃的“内心世界”。

李四光毕生致力于对科学真谛的不懈追求与勇敢探索。在缺乏现代科技辅助的艰苦条件下，他凭借对地质学的深刻理解和丰富的实地考察经验，成功创建了地质力学理论体系，为地质学的发展开辟了新的道路。他的理论不仅推动了中国地质学的进步，更为中国的能源勘探、地震预测和工程建设安全等领域提供了强有力的理论支撑。

新中国成立后，李四光更是将地质力学理论应用于国家建设的实践中。他指导石油地质工作，为大庆、胜利等油田的发现立下了赫赫战功。他指导并寻找铀矿，在核工业和“两弹一星”的研制中，发挥了至关重要的作用。面对地震这一自然灾害的潜在威胁，他深入研究地震规律，为预测预报提供了科学依据。在工程选址问题上，他提出的“安全岛”理论，为工程建设构筑了牢固的防线。

李四光的前瞻性不仅仅局限于地质科学领域，他还积极推动替代能源的开发利用。他积极倡导地热能、潮汐能、太阳能等新型能源的开发与利用，为中国能源事业的可持续发展奠定了坚实的基础。他坚信科学在于不断地创新，这种科学精神如灯塔一般，照亮了一代又一代科学家的探索之路，激励着他们勇往直前、开拓新知。

如今，随着卫星遥感技术的飞速发展，我们得以从全新的视角回顾和验证李四光的科学理论与创新构想。遥感技术的发展也为我们提供了从太空观测地球的机会，使我们能够更加深入地了解地球的构造和变化，更为我们未来进一步探索地球提供了强有力的技术支撑。

结合卫星遥感技术，本书将全面展示李四光一生的卓越成就和宝贵精神。通过这一全新视角，我们将更加深入地了解这位伟大科学家的智慧和贡献，重温他光辉的一生。李四光的地质科学思想和遥感技术的完美结合，将为我们呈现一个更加广阔、更加深邃的世界。

作　者

2024 年 10 月

目 录

04 开拓篇

05 视界无界

地质之光

01

李四光是中国现代地质学的开拓者和新中国地质事业的主要奠基人之一，是卓越的科学家、杰出的教育家、著名的社会活动家和伟大的爱国主义者。李四光把一生献给祖国和人民、献给科学事业，为中国地质事业的发展立下不朽功勋。周恩来总理给予李四光高度评价，称赞他是“一面旗帜”。

科学是老老实实的东西，它要靠许许多多人民的劳动和智慧积累起来。

科学尊重事实，不能胡乱编造理由来附会一部学说。

科学的存在全靠它的新发现，如果没有新发现，科学便死了。

——李四光

主要成就

创新引领，地质新篇

创立地质力学，创新性地将力学与地质学原理相结合，开辟了阐释地壳运动的全新视角，编著的《地质力学概论》成为地质力学研究史上的重要里程碑。

建立蜓科微体古生物分类标准和鉴定方法，极大提高了化石鉴定的准确性和科学性，至今仍为国内外学者所使用。

发现中国第四纪冰川并持续开展深入研究，研究成果为地层划分、气候演变、环境治理和资源勘查等地质工作开辟了新的篇章。

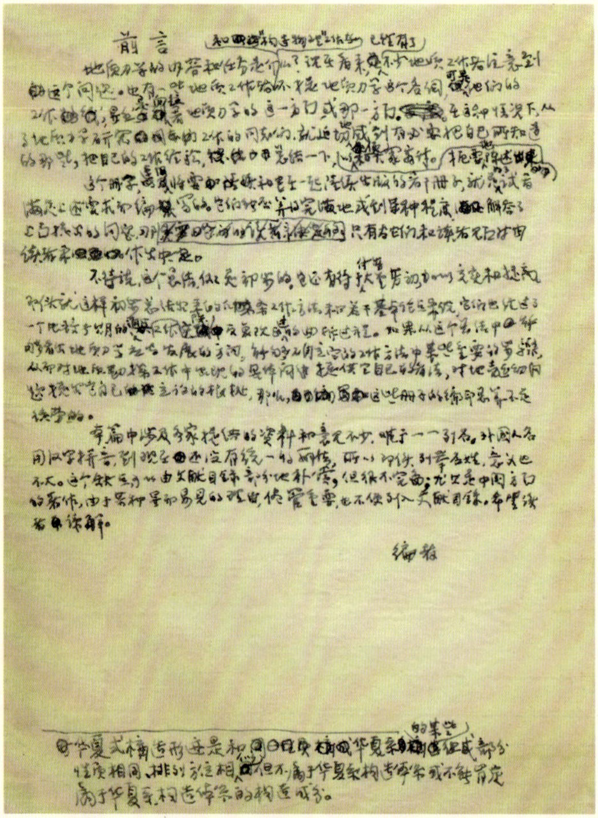
前言

编者

▲《地质力学概论》前言手稿

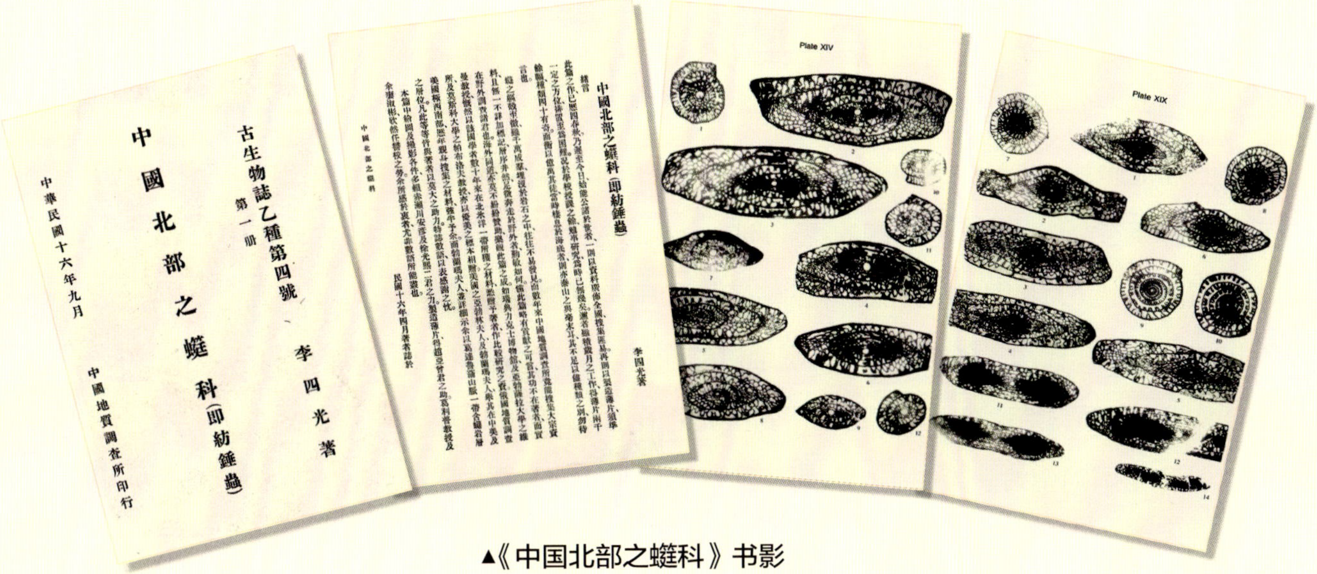

▲《中国北部之蜓科》书影

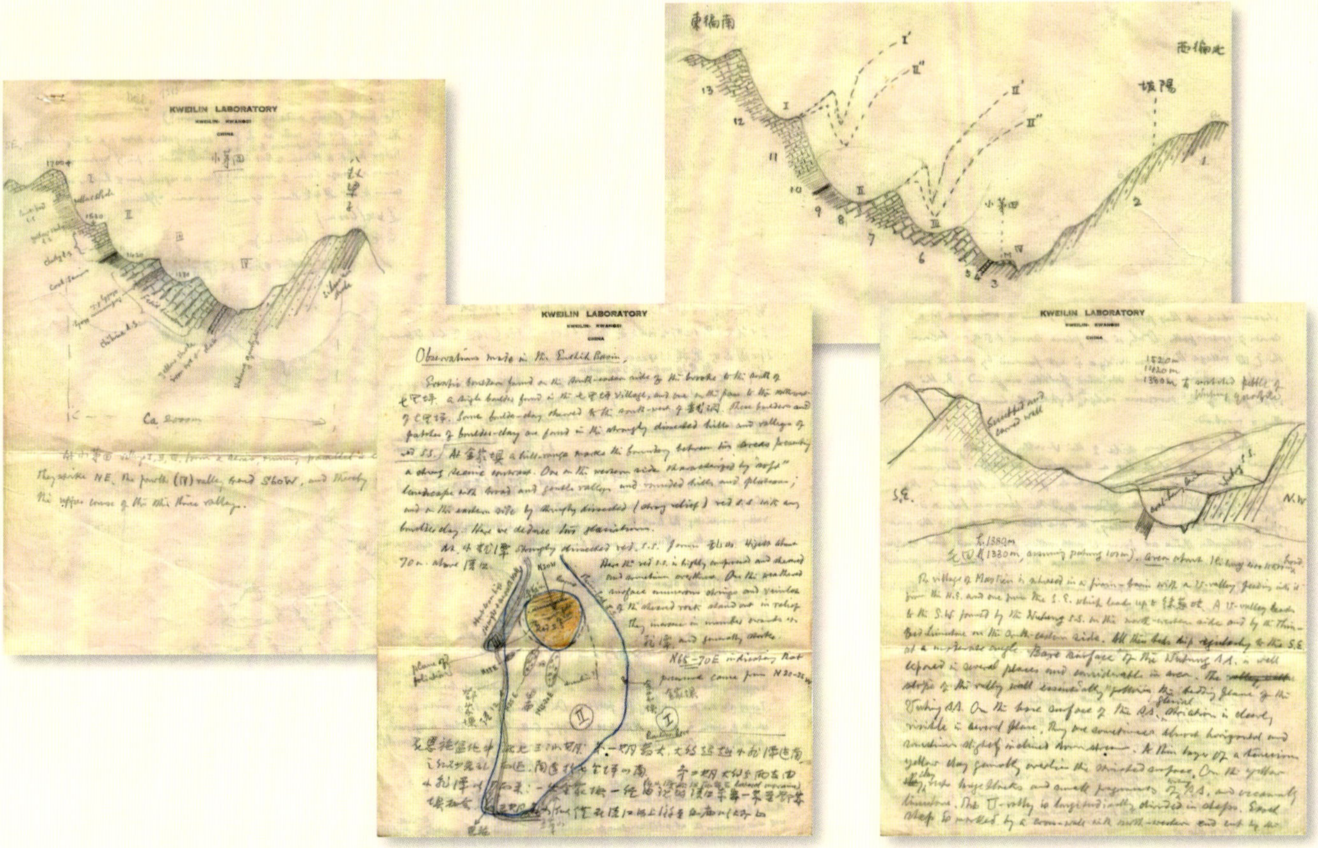

▲李四光在广西桂林考察冰川地质时所做的地质素描和笔记

探油采矿，富国兴邦

在石油地质领域，从构造地质的角度出发，组织和指导石油地质工作，指出新华夏构造体系三个沉降带具有广阔的找油远景，为大庆、胜利、大港等油田的发现提供了重要指示，为我国摘掉“贫油”的帽子，立下了不朽的功勋。

20 世纪 20 年代初，科学预判了中国铀矿的光明前景，后又指出中国铀矿分布的主要构造带。预测结论在实际应用中得到了充分验证，尤其是以规模大、品位高、易开采著称全国的南岭一带铀矿床，为我国核工业和“两弹一星”奠定了坚实的物质基础。

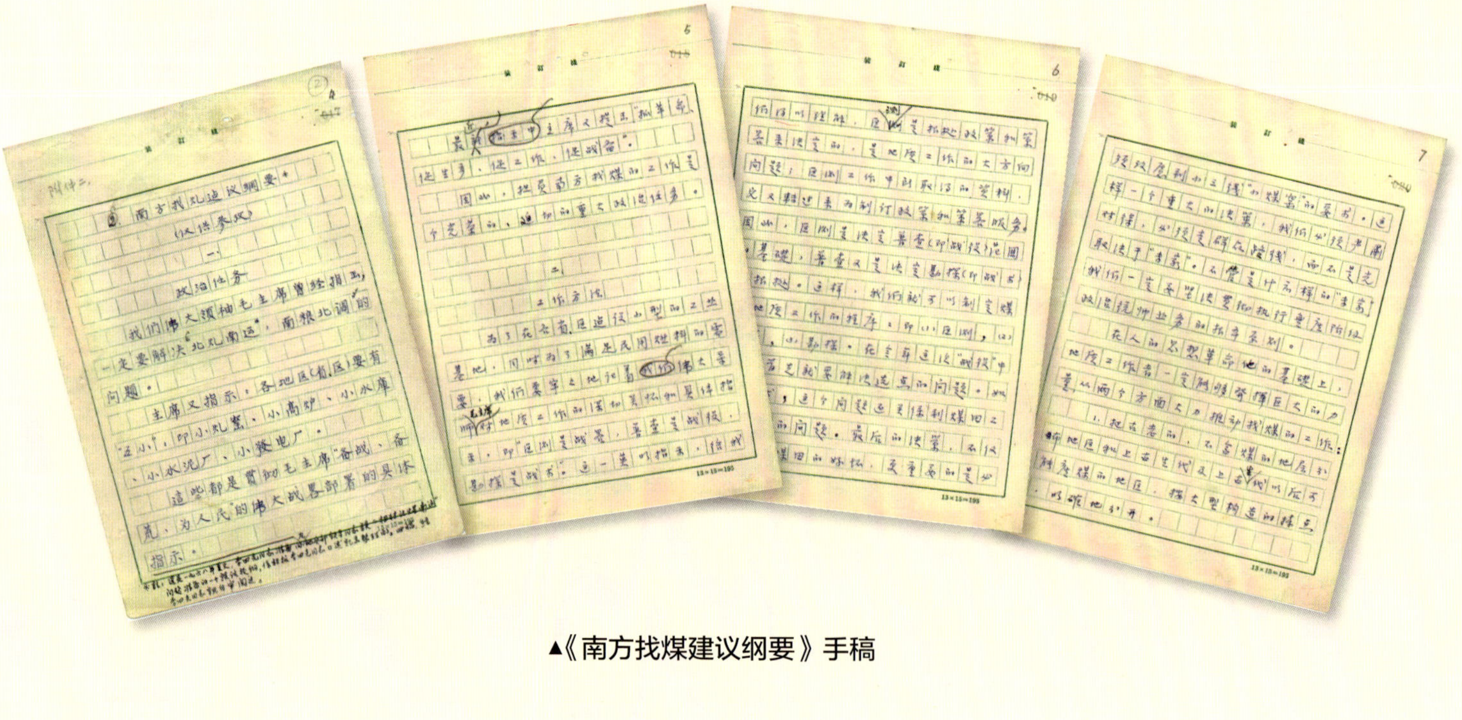

▲《南方找煤建议纲要》手稿

▲“开业之石”——中国第一块铀矿石

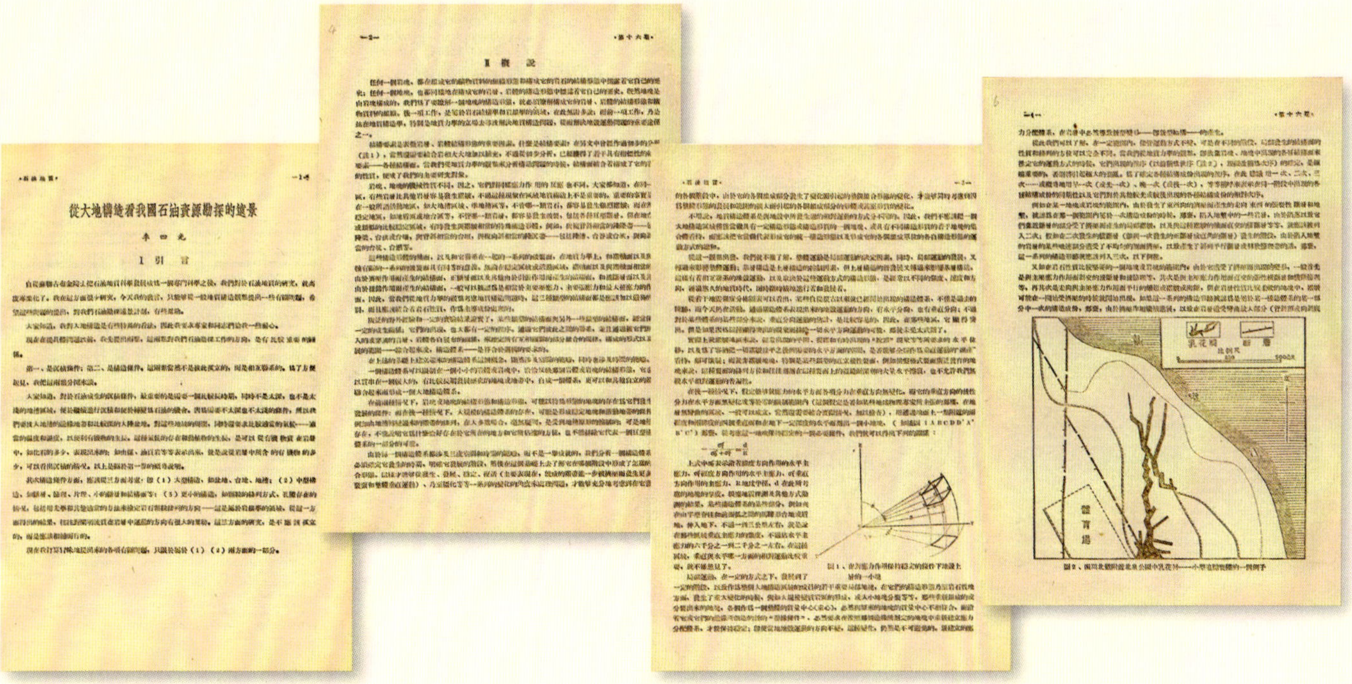

從大地構造看我國石油資源勘探的遠景

李四光

I 引言

I 概說

▲《从大地构造看我国石油资源勘探的远景》书影

科技领航，惠泽民生

提出通过活动构造体系对地应力和构造应力场分析，研究地震发生发展的规律，为预测和预报地震指明了方向，对保障人民生命财产安全具有重要意义。

开展区域地壳稳定性研究，在活动构造带中寻找相对稳定的地块——“安全岛”，为人民生命财产安全、工程安全提供了依据。

20 世纪 20 年代，前瞻性地提出了利用潮汐能、太阳能、风能等新型能源的观点，并积极推动我国开发利用地热资源，为中国新型能源事业的发展奠定了基础。

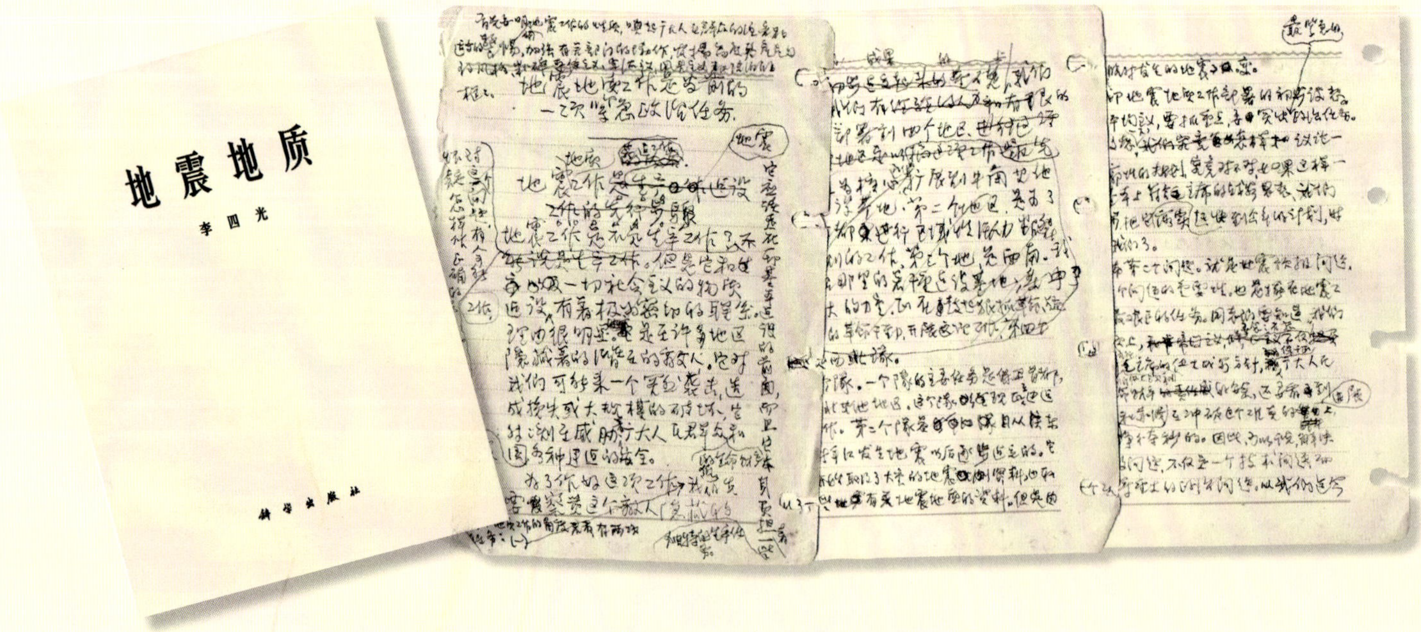

▲《地震地质》书影与手稿

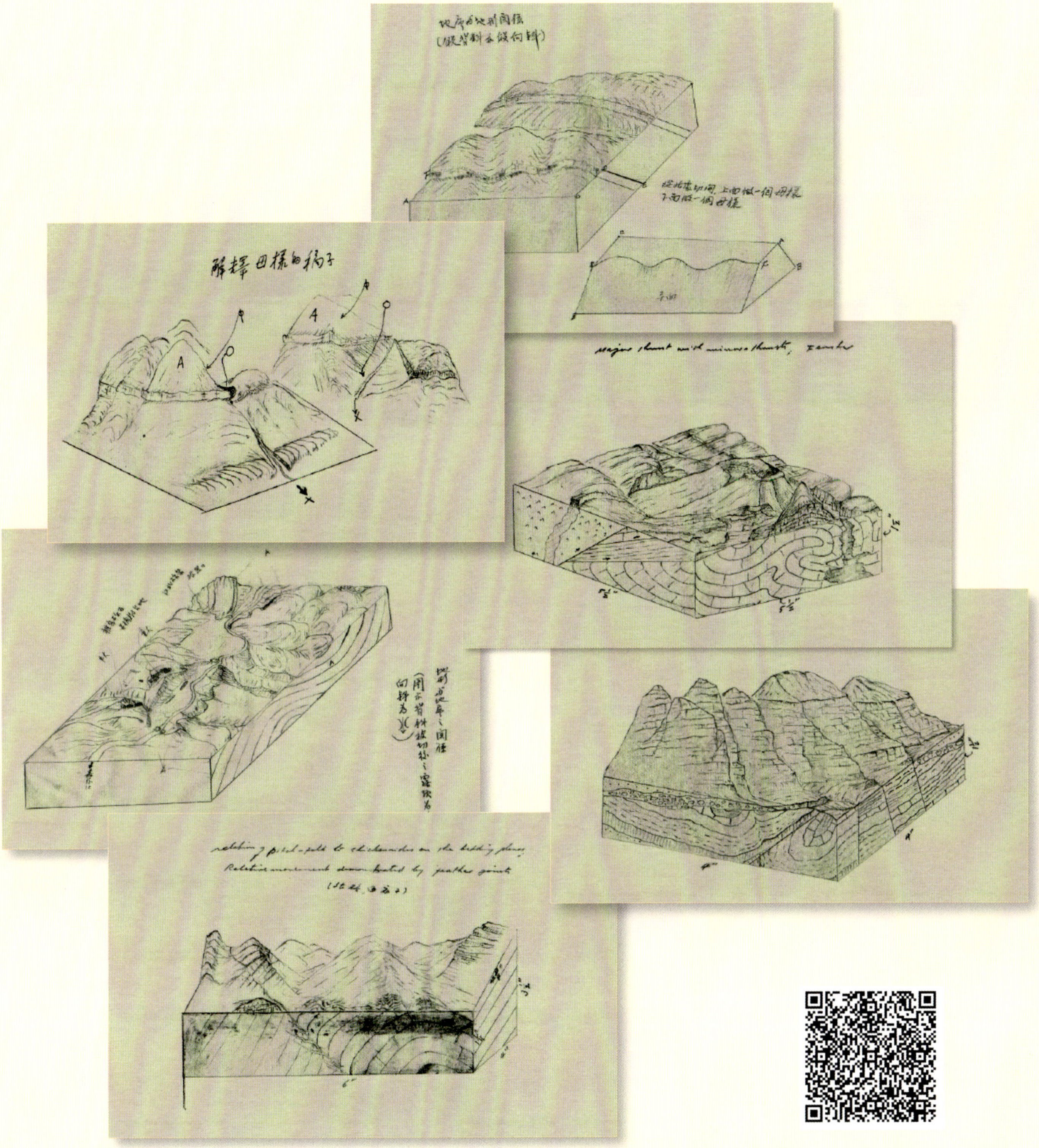

▲部分地质图手稿

扫一扫
查看李四光论著详情

科学精神

凛然正气，爱国铭心

在南京政府时期，接到爱国青年杨铨遭受迫害的电报，李四光将刚鉴定出来的一个䗴科新属命名为“杨铨䗴”，用科学工作者独有的方式向反动势力发出抗议。

1949 年，李四光应周恩来总理之邀，不畏国民党政府的威胁和阻挠，孤身从英国启程，辗转多国，最终成功回国，投身于新中国的建设。

李四光深信：“中国有了共产党，中国就有了希望。”他一直渴望入党，始终保持着谦逊的态度，不断提升自我，直至 1957 年才正式提交申请，被批准后，他说自己“像一个刚出生的婴儿，生命的新起点才开始”。

科学报国，矢志不渝

李四光一生秉持“科学报国”的信念：最开始他认为坚船利炮可以保卫国家，他前往日本学习造船技术；面对船舶制造中钢材短缺的问题，他毅然赴英国学习采矿知识；面对矿产资源紧缺的现实，他又转攻地质学找寻矿藏。

新中国成立后，百废待兴，李四光接过地质部部长的重担，将工作重心转向服务国家建设，带领全国地质工作者，不懈探寻石油、铀矿等资源，研究地震预报方法，分析地热能源等，为新中国地质事业创造了无数奇迹。

李四光的抉择，正是对“人民需要我做什么，我就做什么”这一崇高誓言的最好诠释。

挑战权威，追求真理

李四光说："真理，哪怕只见到一线，我们也不能让它的光辉变得暗淡。"

面对欧美专家关于"中国不存在第四纪冰川"的论断，他坚定反驳，首次发现第四纪冰川遗迹，以事实为依据，成功地予以驳斥。

面对"中国是贫油国家"的权威断言，他根据国内地质条件，对我国资源前景进行了理论预测，为石油勘探重点战略东移提供了理论和实践依据，成功打破了"中国贫油"的论断，展现了他对真理的执着追求和勇于挑战权威的精神。

创新为魂，科学筑梦

李四光以创新为核心，在《天文 · 地质 · 古生物》中把天体运动、地壳运动和古生物活动相结合，把宇宙作为一个相互联系和相互影响的体系进行多学科的研究；创立了"地质力学"这一崭新学科，运用力学的独特视角探究地壳运动规律，为地壳运动研究开辟了全新途径；证明了中国第四纪冰川的存在，为研究地球、揭示气候环境变迁等提供了科学依据；提出了䗴科微体古生物分类标准，解决了含煤地层的划分问题，其分类标准至今仍被地质学家和古生物学家广泛应用。

如李四光在武汉大学毕业纪念刊上的题词所言："用创造的精神和科学的方法求人生的出路"，他的一生正是对科学探索和创新精神的完美诠释。

李四光

地质科学思想脉络

1918

5月 撰写硕士毕业论文《中国之地质》。

1920

2月28日 应邀在巴黎留法勤工俭学会做了《现代繁华与炭》的演讲。

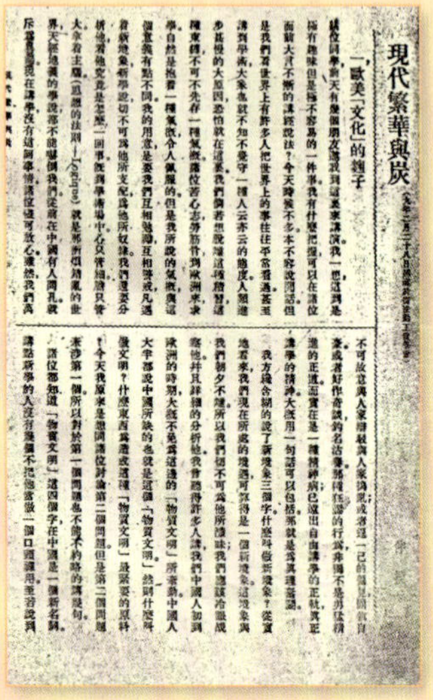
現代繁華與炭

一、歐美「文化」的種子

▲《现代繁华与炭》演讲稿

1921

1月 就任北京大学地质系教授，发表《中国地质概要》（英文版）。

9—10月 应邀做了《地球的年龄》的演讲。

11月2日 发表《读书与读自然书》。

5月26日 在中国地质学会第三次全体会员大会上，做了《中国第四纪冰川作用的证据》的演讲。

发表《中国地质纲要》《华北挽近冰川作用的遗迹》（均为英文版）。

理论篇

02

理论篇将追随李四光在地质力学和中国第四纪冰川研究方面的历史印记，回顾他的卓越贡献。

他创立了地质力学，提出了构造体系的新概念，为地壳构造和地壳运动的研究开辟了全新的道路，编写的《地质力学概论》成为地质力学研究史中的里程碑。

他发现了中国第四纪冰川遗迹，为中国第四纪冰川地质的研究打开了大门。

他深入研究蜓科微体古生物的分类标准和鉴定方法，撰写的《中国北部之蜓科》大大提高了化石鉴定的准确性和科学性，蜓科分类标准和鉴定方法至今仍被中外学者沿用；解决了我国石炭 - 二叠纪地层的划分问题，为寻找煤炭资源提供了依据，为认识我国石炭—二叠纪海陆变迁和生物演化提供了宝贵的资料。

扫一扫

查看蜓科复原模型

蜓科属于微体古生物，难以通过遥感影像展示，此部分内容将在本系列丛书的后续作品中详细介绍。

理论篇主要介绍——

- 李四光划分的三大类构造体系样貌
- 李四光发现的中国第四纪冰川遗迹
- 现代冰川的壮美和变迁

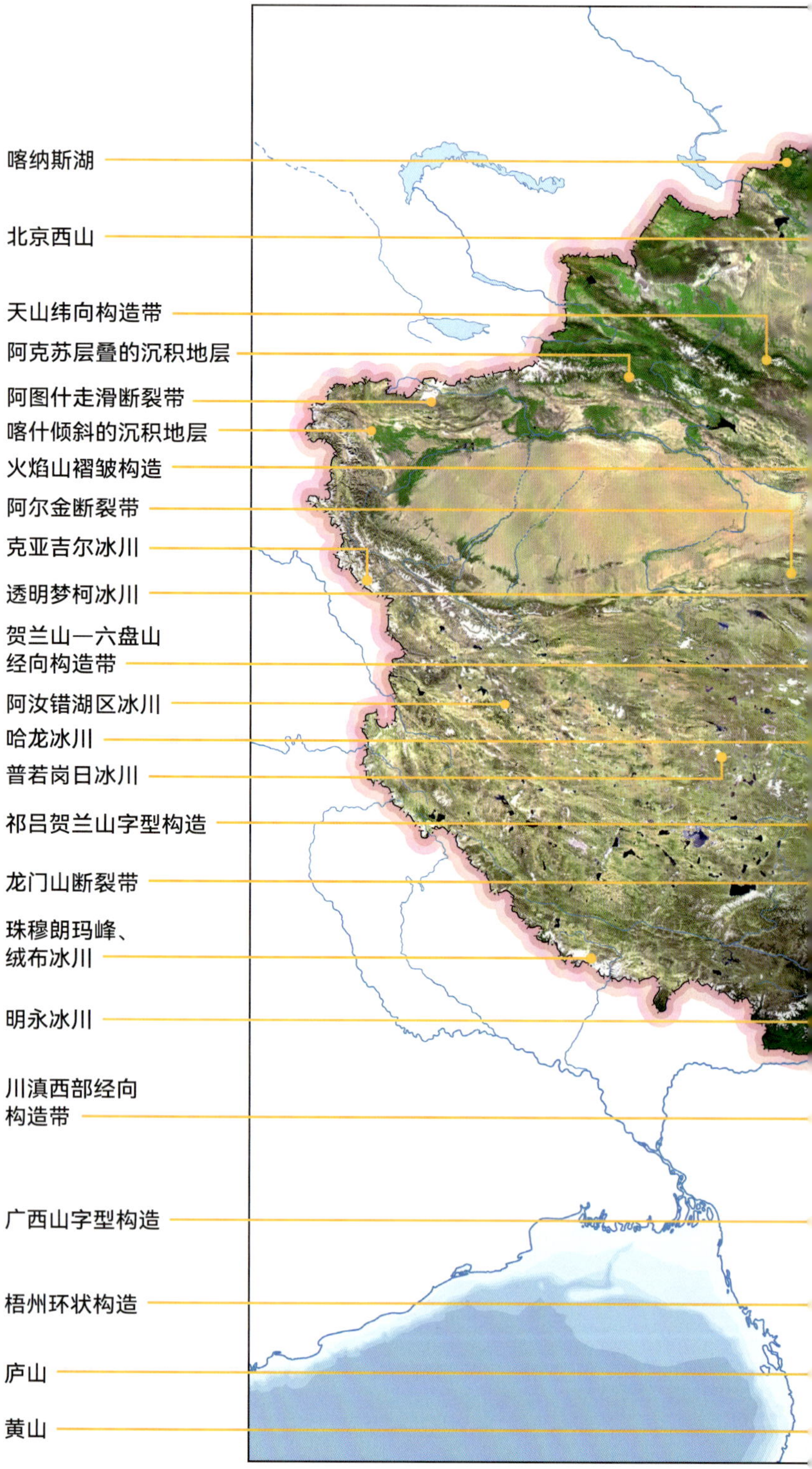

▸理论篇介绍地点地理位置示意

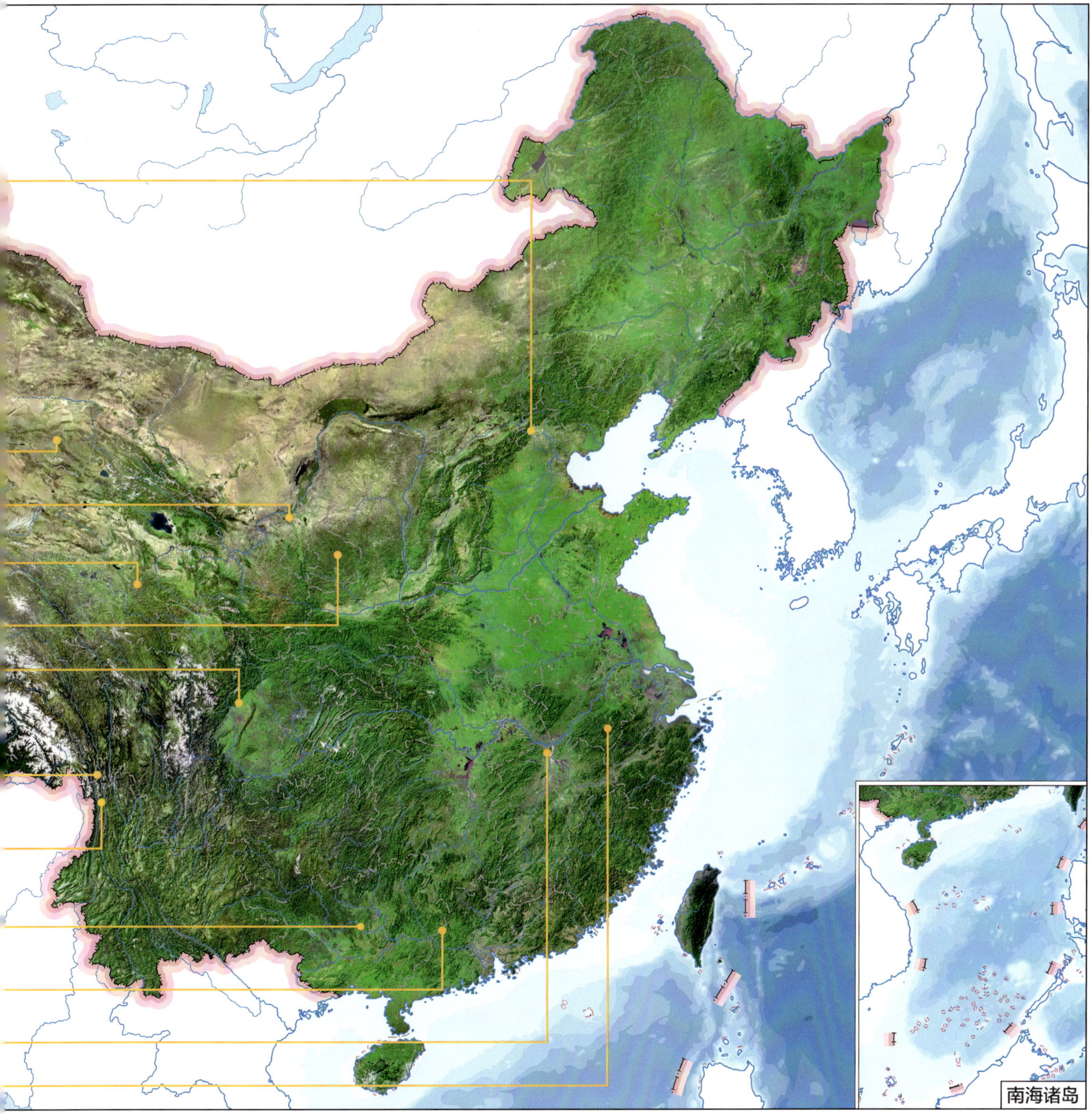
南海诸岛

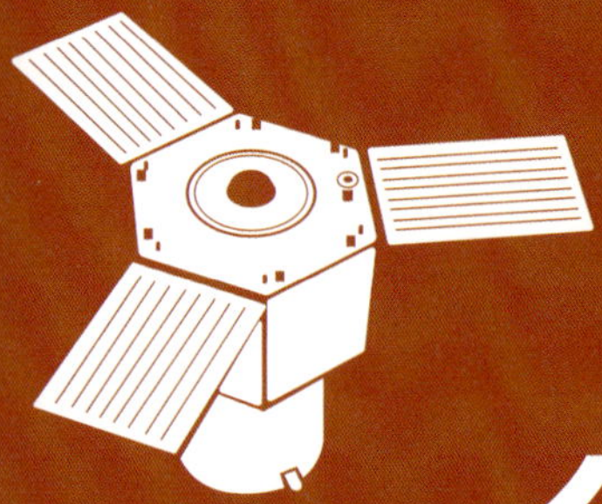

创立地质力学

李四光倾注了大量的精力研究地质构造和地壳运动，科学地将力学原理和方法运用到地质学的研究之中，创立了地质力学。

1921 年，李四光认为大陆上海水的进退是全球性的，有可能由赤道向两极或由两极向赤道运动，这便是地质力学研究的开端。

1926 年，“大陆车阀说”的提出标志着地质力学的萌芽。

1944 年，李四光在《南岭东段地质力学之研究》中第一次使用了“地质力学”一词，他将材料力学的原理用于研究岩层受力后变形和应力分布现象，并以此解释地质构造的形变和演变。

1945 年，在《地质力学之基础与方法》中，李四光系统总结了地质力学理论的基本原理与研究方法。

1962 年初，李四光将 40 年的研究成果总结成重要著作《地质力学概论》。本书不仅在中国地质科学史上占有重要地位，而且对全球地质科学的发展产生了积极的推动作用。

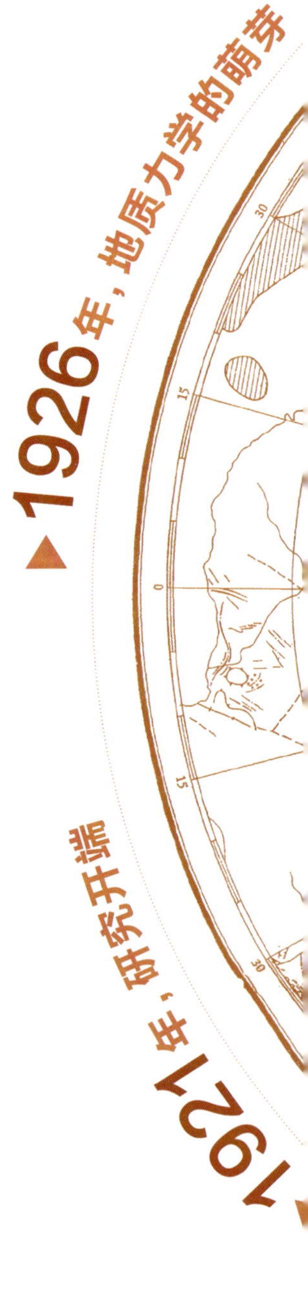

1944年，首次使用“地质力学”一词

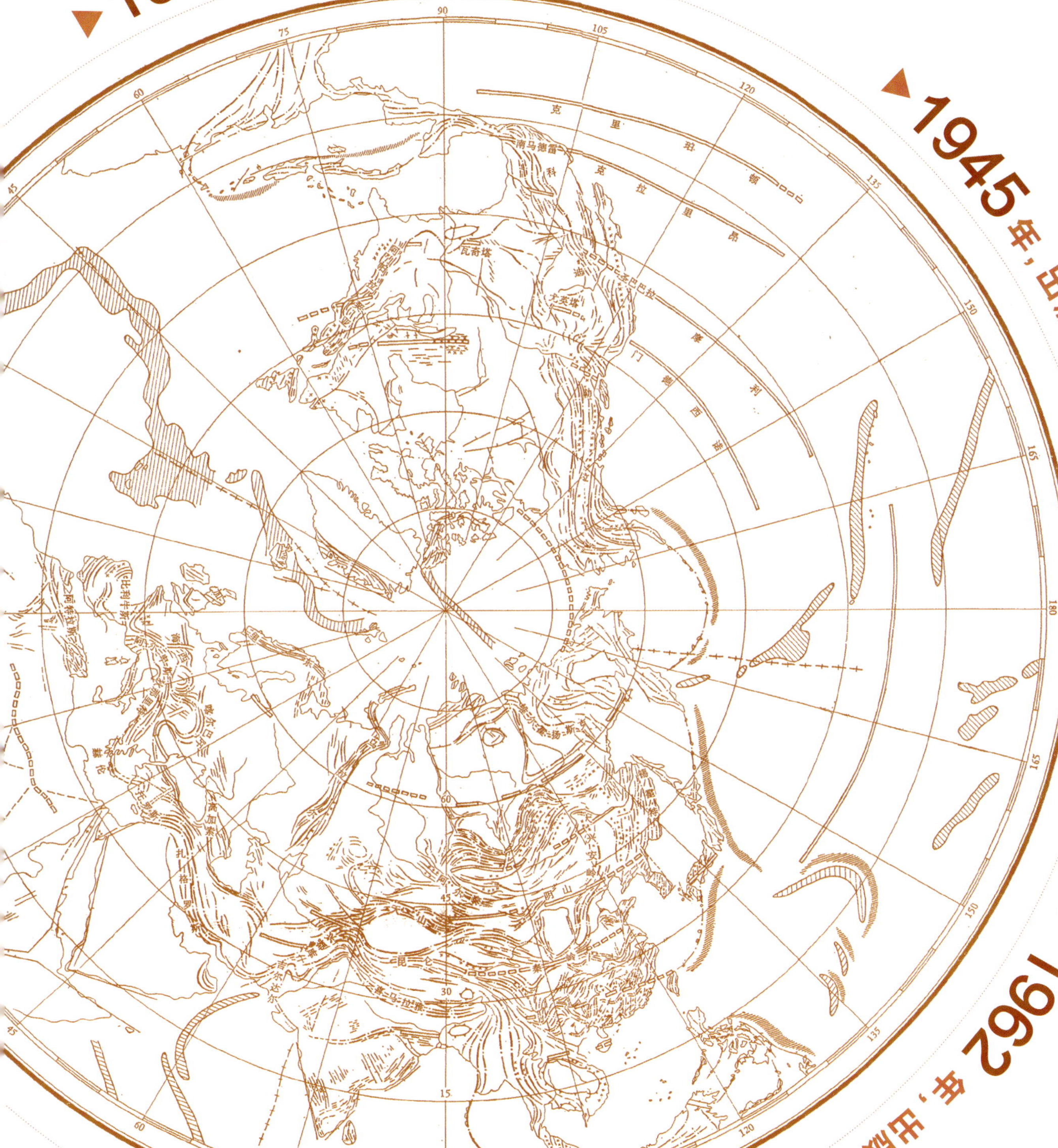

1945年，出版《地质力学之基础与方法》

1962年，出版《地质力学概论》

地质力学的孕育
——大陆车阀说

通过研究海水进退现象，李四光认为地球运动应遵循角动量守恒定律，据此提出大陆车阀说。其主要思想是地球自转速度的快慢导致地球上的主要构造线方向分别沿纬向和经向分布：速度加快，离心力导致海水向赤道运动，造成高纬度地区发生海退，低纬度地区发生海侵并形成纬向挤压构造；速度减慢，则形成经向挤压构造。

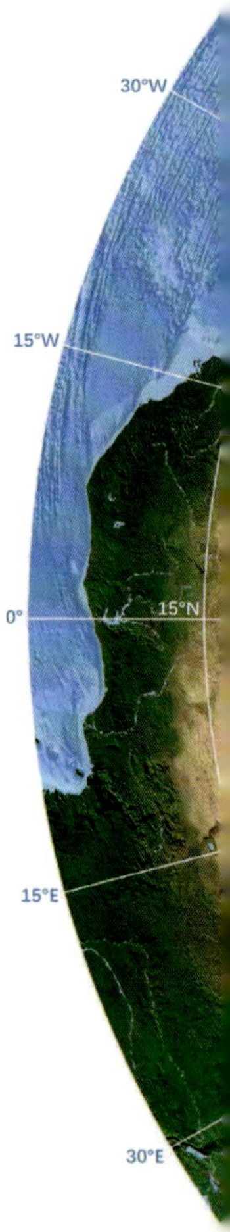

▸ **北半球表面出露的主要构造带简化图（左）及遥感影像（右）**

图中主要呈现了前震旦纪以来的构造带、不同错动方向的断裂带、海岭、海沟、穹隆、构造盆地等。

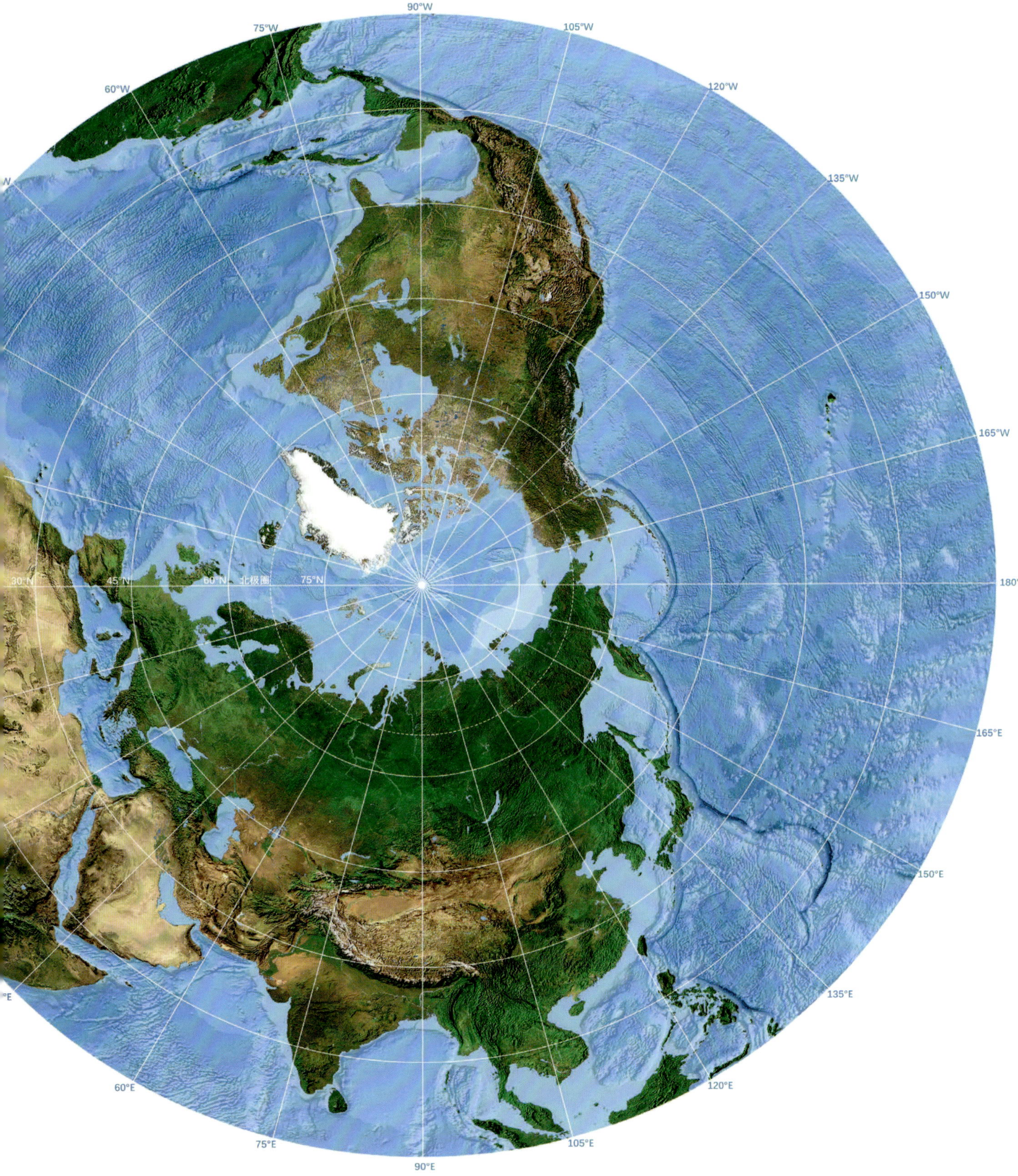
90°W
75°W
105°W
60°W
120°W
135°W
150°W
165°W
180°
30°N
45°N
60°N
北极圈
75°N
165°E
150°E
135°E
120°E
60°E
75°E
105°E
90°E

地质力学的核心
——构造体系

20 世纪 20 年代，李四光在东亚各地发现了不同类型地质构造现象的组合，并命名为山字型、多字型、歹字型等，后来他曾专门撰文《东亚一些典型构造型式及其对大陆运动问题的意义》，明确构造体系的概念，并详细阐述了构造体系的特征和意义。

构造体系强调构造形迹之间的内在联系和分布规律，与单个的褶皱或断层的类型相比，整体图案形象更有助于深入地理解地壳构造的复杂性和多样性。构造体系为地质力学研究提供了新的视角和方法，可揭示地壳运动的机制和规律，为研究地球动力学提供了重要的理论依据。

李四光明确地将构造体系分为三大类型：一是横亘东西的纬向构造体系；二是南北走向的经向构造体系；三是各种扭动构造体系，包括多字型构造、山字型构造、旋卷构造、棋盘格式构造、入字型构造等。

经向构造体系

经向构造体系是指近南北走向的构造体系，包括挤压性构造带和张裂性构造带两类。它们有时单独出现，有时与其他构造体系复合，以致影响其他构造体系某些组成部分的正常排列形式，在我国最典型的是位于川滇西部以大雪山为主体的南北向强烈挤压构造带。

▲川滇西部经向构造带立体视角遥感影像（GF-1，2019 年）

贺兰山—六盘山经向构造带

贺兰山—六盘山经向构造带是一条沿经线方向延伸的构造带，在地貌上形成了贺兰山脉和六盘山脉。

▲贺兰山—六盘山经向构造带立体视角遥感影像
（GF-1，2019 年）

纬向构造体系

纬向构造体系的主体是东西走向的复式剧烈挤压带，褶皱起伏，断裂纵横。我国的纬向构造体系有北部的阴山—天山构造带、中部的秦岭—昆仑构造带、南部的南岭构造带等。

▼天山纬向构造带遥感影像
（GF-1，2019 年）

扭动构造体系

扭动构造体系的形式多种多样，它们的共同特点是受到了水平扭动作用。扭动构造体系是指在近水平应力作用下，地壳的某一部分相对毗邻部分发生扭动而形成的构造体系。一般发生在地壳的表层，有时涉及的深度较大，会在深部出现不同程度、不同形式的扭动。这一类型的构造体系形式甚多，主要有多字型构造、山字型构造、旋卷构造、棋盘格式构造和入字型构造等。

小知识

泥巴试验揭示地壳运动奥秘

泥巴试验是李四光创造的用于研究地壳运动和岩石变形的一种岩石力学模拟试验方法。他认为泥巴的黏性、可塑性和变形性与地质体极为相似，能高度还原真实地质环境下的岩石变化。通过调整泥巴的含水率和密度等来模拟不同地质环境，分析应力与变形的关系，并精确测量科学参数等。如给一块软泥板施加不同方向和大小的力，就可以模拟山字型构造、多字型构造、入字型构造等多种复杂构造的形成过程。

泥巴试验的研究成果不仅丰富了地质力学的理论体系，也为地震预测、地质灾害防治等提供了重要的科学依据。

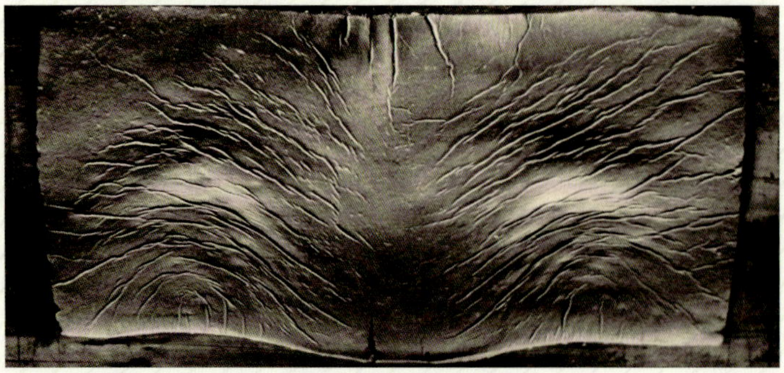

▲**李四光做的山字型构造泥巴试验结果**
（泥巴模型尺寸为 60 厘米 × 30 厘米）

扭动构造体系之多字型构造

我国最显著的多字型构造体系是规模宏伟的新华夏构造体系，它由一系列呈北北东—南南西走向的隆起带和相辅而行的沉降带组成。在地球自转产生的离心力作用下，向南运动的东亚大陆受太平洋板块的抵抗，产生相对扭动，进而形成了这些独特的地质构造。

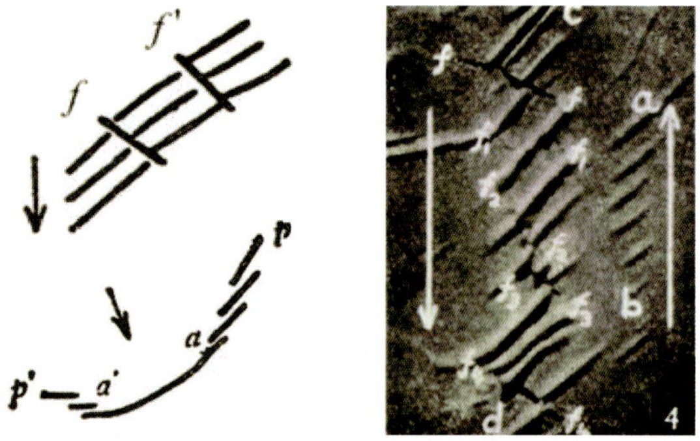

▲多字型构造的手绘示意（左）和泥巴试验结果（右）

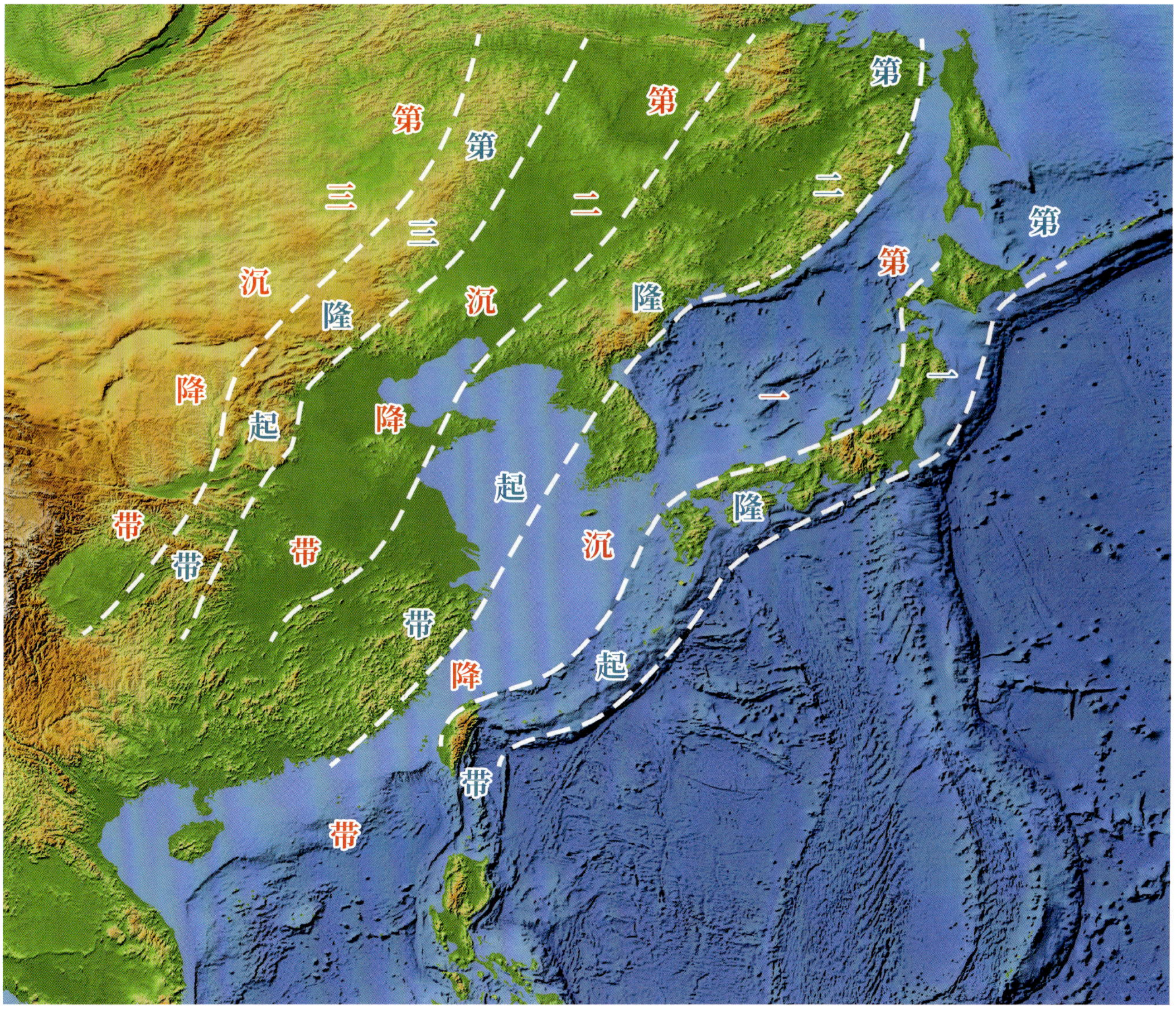

▲扭动构造体系——新华夏构造体系示意

扭动构造体系之山字型构造

早在 20 世纪 50 年代，地质学家就曾经通过航空摄影的方式，考察过一个小型山字型构造，影像上弧顶、前弧、反射弧、马蹄形盾地等清晰可见。根据影像显示的地表特征，地质学家描绘了该山字型构造的地表轮廓，这也是我国最早利用遥感影像解释山字型构造特征的图件。

山字型构造是发育最广泛的一种构造型式，其形态就像中文的“山”字。

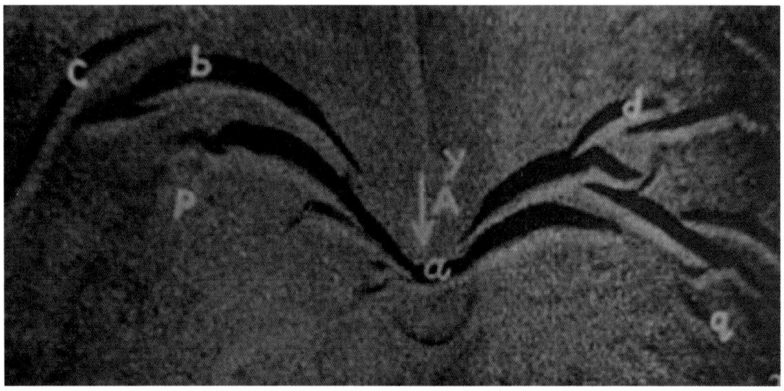

▲ 山字型构造的手绘示意（上）与泥巴试验结果（下）

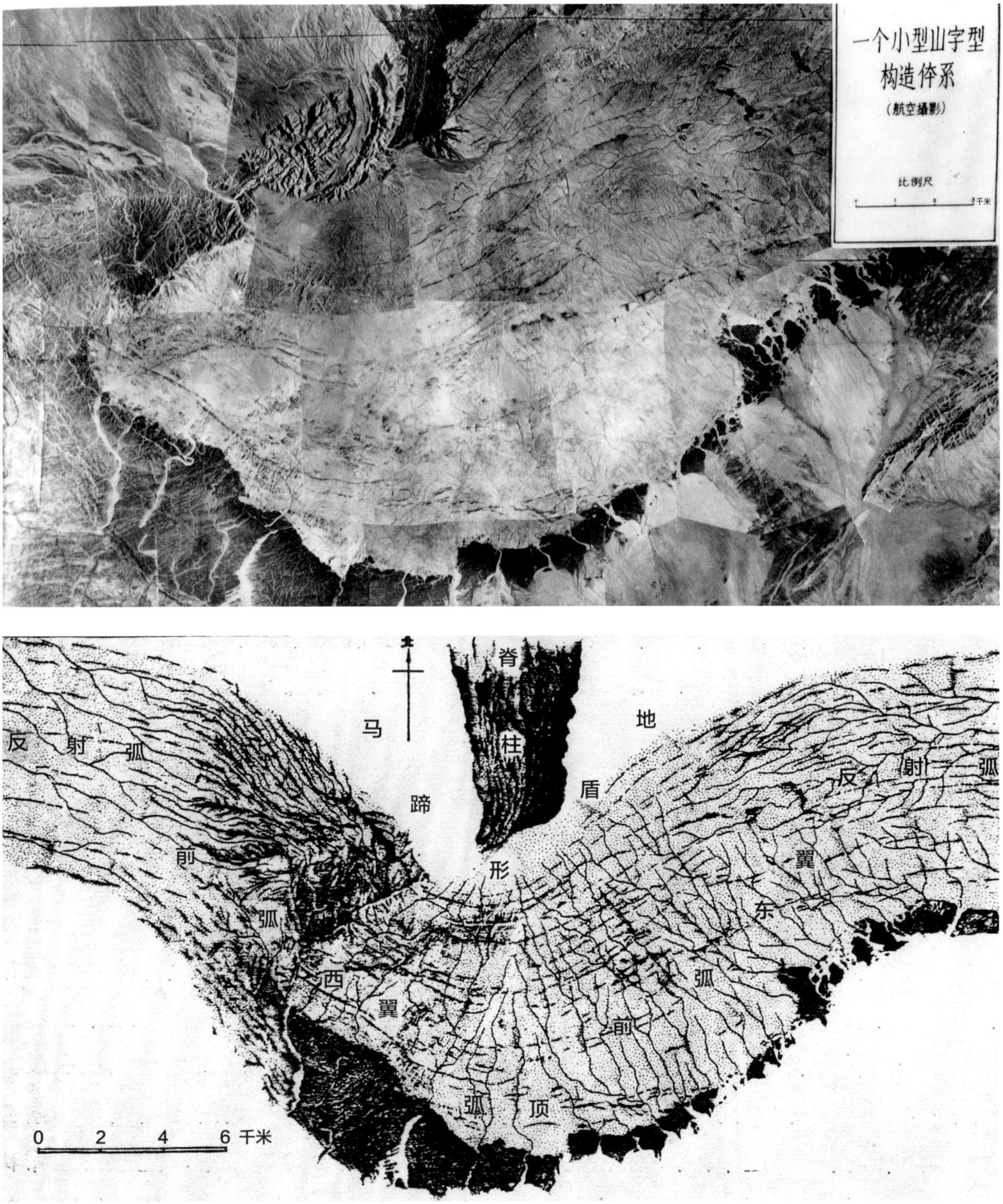

▲一个小型山字型构造的航空摄影（上）和地表轮廓素描图（下）

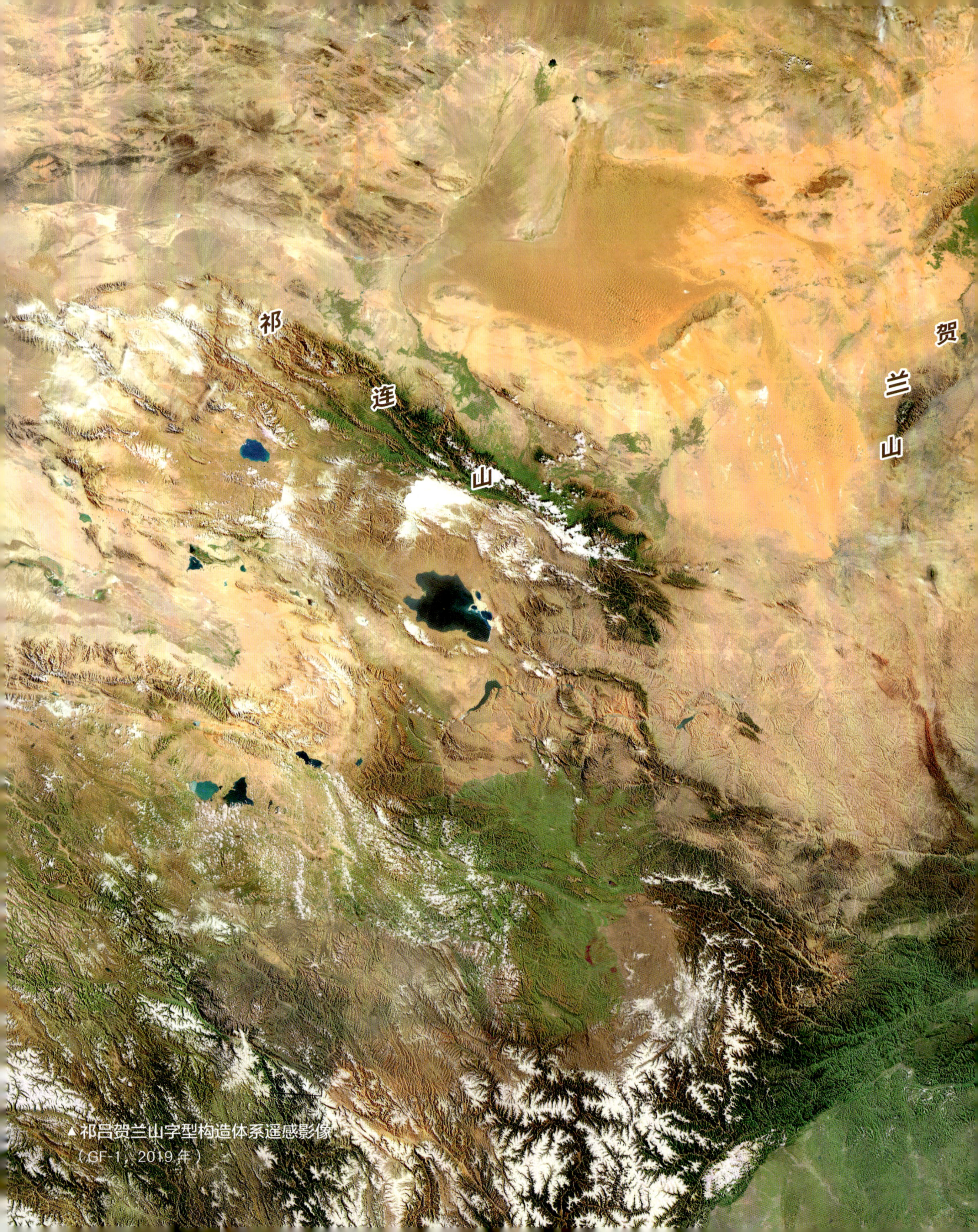

▲祁吕贺兰山字型构造体系遥感影像
（GF-1，2019 年）

祁吕贺兰山字型构造体系

祁吕贺兰山字型构造体系是中国大陆规模最大的山字型构造体系，包括祁连山、太行山、吕梁山、秦岭北麓及贺兰山区域。其东西两翼不对称，两翼包含了一系列多字型构造，前弧与秦岭—昆仑构造带斜接复合。

▲广西山字型构造体系遥感影像
（GF-1，2019 年）

广西山字型构造体系

1940 年初春，李四光在《广西台地构造之轮廓》中，对广西全区的区域构造体系做了详细划分，建立了广西山字型构造体系，并进一步提到了旋扭构造的实例及其研究意义。

扭动构造体系之旋卷构造

旋卷构造有多种形式，如帚状构造、环形构造、歹字型构造等。

青藏滇缅印尼歹字型构造是典型的歹字型构造之一，它穿越了我国青海、西藏毗连地区和云南西部，入缅甸境内，直到印度尼西亚苏门答腊岛、爪哇岛。它的主体由一系列大型反 S 型褶皱带或岩带组成。

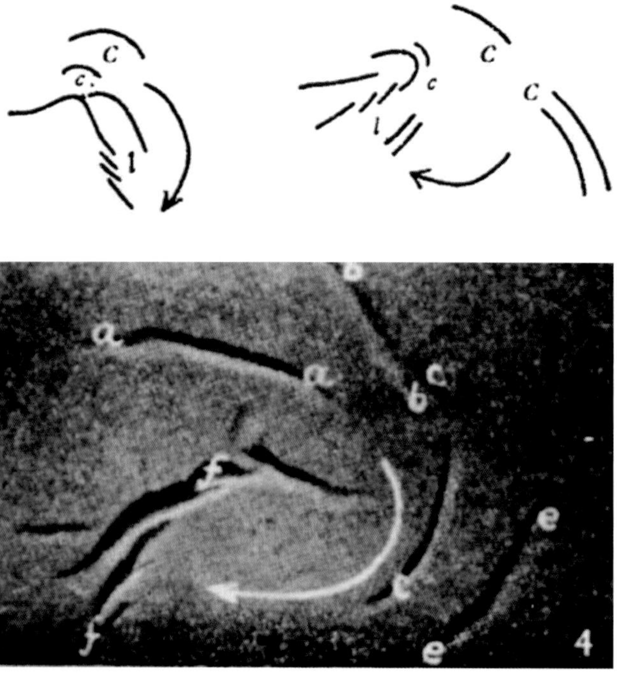

▲歹字型构造手绘图（上）和泥巴试验结果（下）

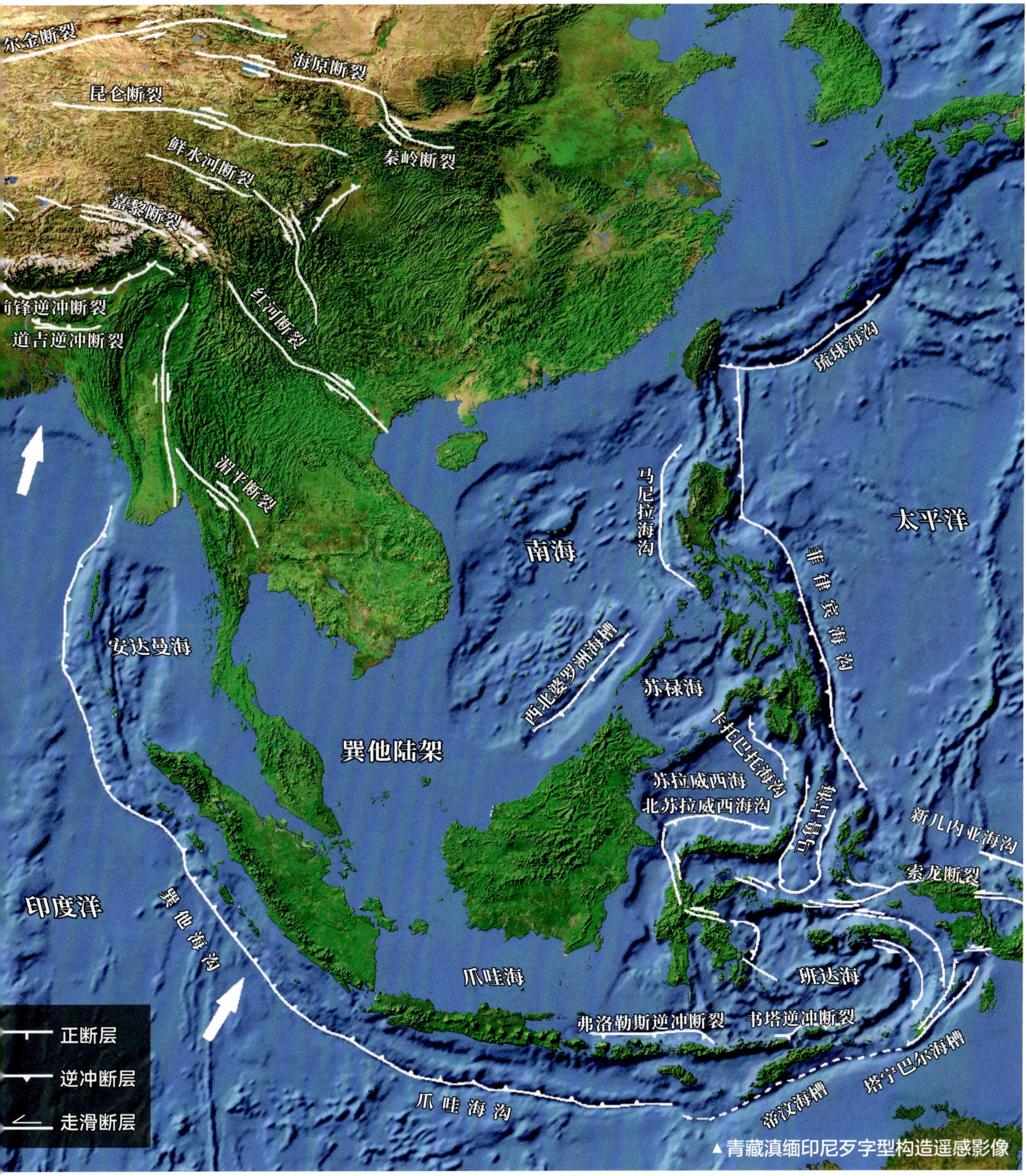

▲青藏滇缅印尼歹字型构造遥感影像

中华人民共和国及其毗邻海区构造体系图

李四光逝世后，为满足国家地质勘探和矿产资源开发的迫切需求，地质矿产部集结全国地质专家，由李四光的学生孙殿卿和吴磊伯任学术指导，历时近十年，于1984年出版了《中华人民共和国及其毗邻海区构造体系图（1：250万）》。

这幅图总结了地质力学理论与实践的精髓，创新运用了陆地卫星遥感影像技术，对全国构造体系框架进行了厘定，通过物探数据揭示隐伏与深层构造，并运用同位素测年技术对主要构造体系发育的时间进行了限定，极大地提升了当时人们对地球构造演化过程的科学认知水平。

这幅图的出版，对矿产资源开发、地质灾害防治等起到了重要指导作用，也标志着新一代地质工作者对李四光地质力学理论的传承和发展。

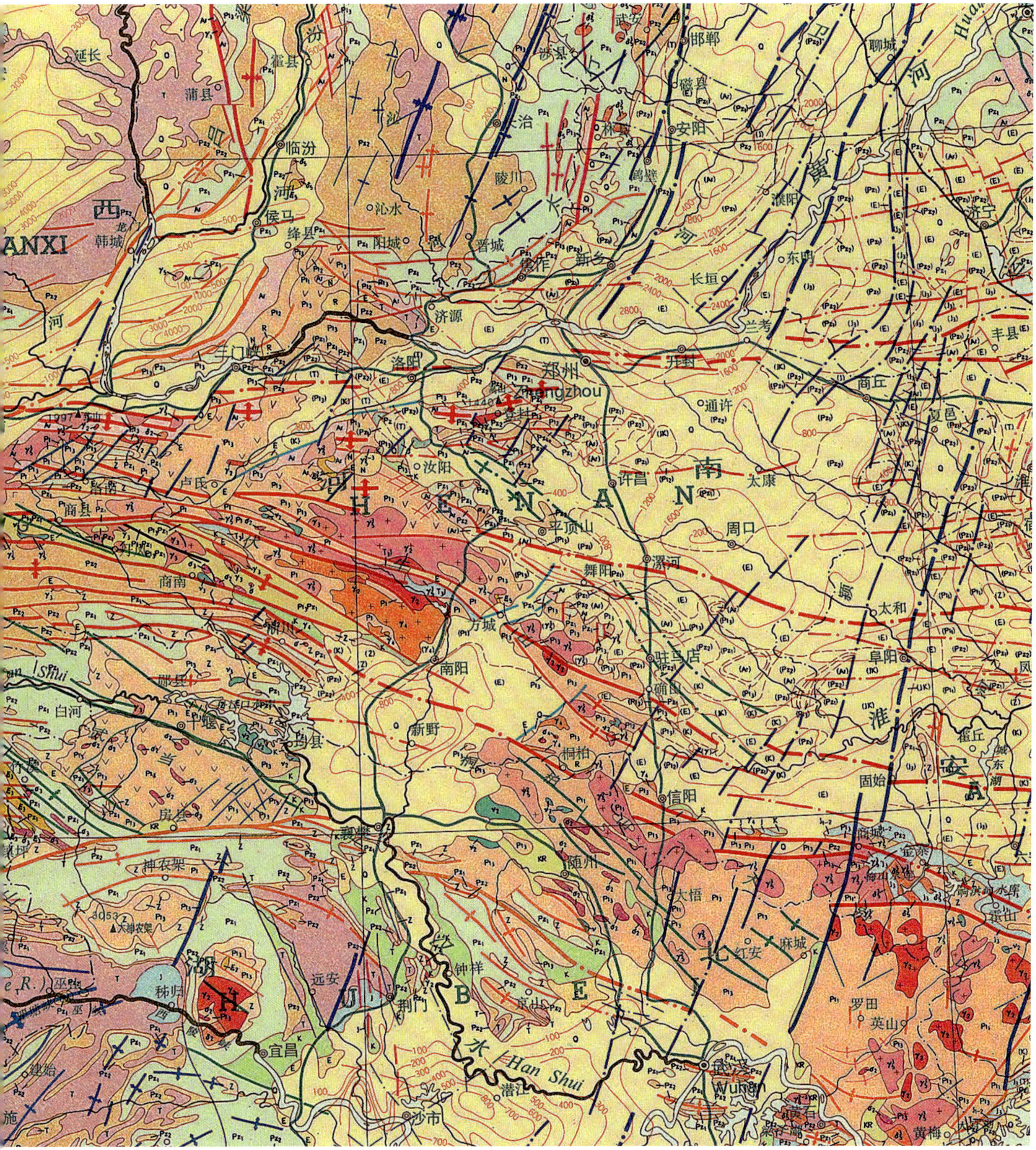

▲《中华人民共和国及其毗邻海区构造体系图（1：250 万）》局部示意

太空视角看地质构造

地质构造是地壳变形的构造记录，对研究并理解地球表面形态与内部结构、探讨地球动力学机制、探查资源、预测地质灾害等具有重要意义。在地球内部和外部应力的共同作用下，地壳上形成了一系列断裂与褶皱构造，它们往往是不同地质构造单元及地貌单元的边界，含油气盆地和大型矿床的控矿构造，也往往是引发大地震、活火山爆发及大规模滑坡、泥石流的根本原因。站在地面上观测，人们能够近距离观察地质构造的细节特征，但往往难以把握其宏观尺度上的分布规律；而从遥感卫星的太空视角，人们能一览无余地观测地球表面的地质构造全貌，极大地拓宽了研究视野，为深入理解地球系统的复杂性提供了崭新的视角。

阿图什走滑断裂带

新疆阿图什地区有一条近南北走向的左行走滑断层，断层两侧原本近乎直立的地层被逆时针方向错开，局部地方还形成了明显的牵引褶皱。主断层东侧，除了一条近平行的左行走滑断层外，还出现了与之运动方向截然相反的右行走滑断层，展现了地壳运动的多样性和复杂性。

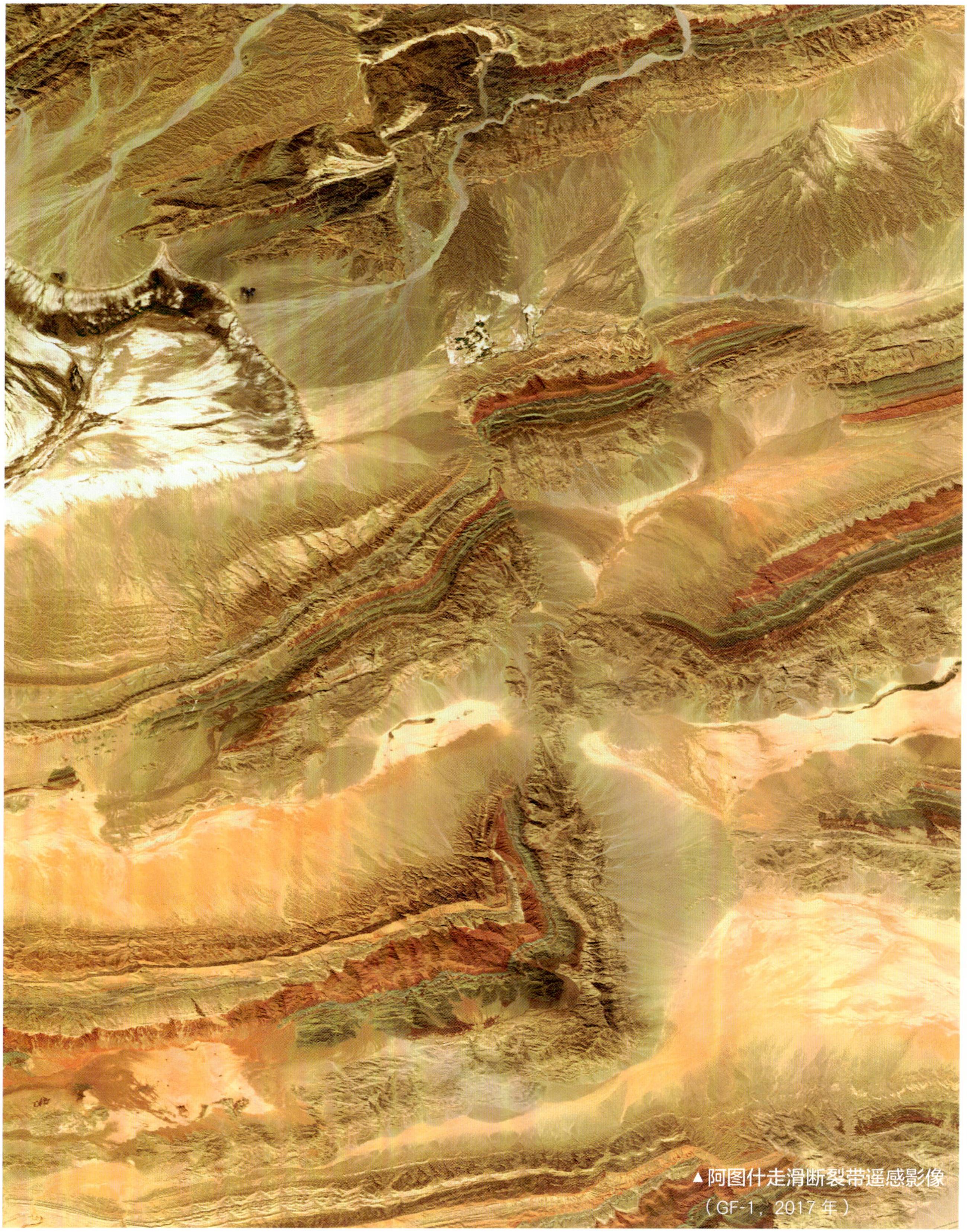

▲阿图什走滑断裂带遥感影像
（GF-1，2017 年）

▲龙门山断裂带立体视角遥感影像

（ZY3-01，2023 年）

龙门山断裂带

龙门山断裂带由龙门山后山断裂、龙门山主中央断裂、龙门山主边界断裂三条断裂带组成，长约 500 千米，宽达 70 千米，断裂带西北盘往南东方向逆冲。由于印度板块与欧亚板块之间的挤压，在青藏高原周缘形成一系列活动断层，因此，这里是我国地震的多发区之一。近年来，该断裂带曾发生汶川地震（2008 年 5 月 12 日）和雅安地震（2013 年 4 月 20 日）。

阿尔金断裂带

阿尔金断裂带位于青藏高原西北边界，由阿尔金南缘断裂（长约1600千米）和阿尔金北缘断裂（长约600千米）组成，断层两盘呈顺时针相对运动，运动距离达400千米，对阿尔金山地区地貌有明显的控制作用。它是一条重要的地震活动带，已揭示了30多次破坏性古地震事件，其中十余次的震级为8级以上。近期发生的地震有7.4级的于田地震（2012年2月12日）。

▲阿尔金断裂带立体视角遥感影像
（GF-1，2023 年）

▲火焰山立体视角遥感影像

（ZY1-02D，2023 年 8 月）

火焰山褶皱构造

火焰山位于新疆维吾尔自治区吐鲁番盆地的北缘，其主要岩性为侏罗系、白垩系、古近系和新近系三套橘红、棕红色砂岩和泥岩。在白垩纪末期，受近南北向的挤压作用，侏罗纪和白垩纪地层产生褶皱变形。

阿克苏层叠的沉积地层

在新疆阿克苏地区的沉积岩区，历经亿万年的沉积，中新生界河湖相沉积地层富含了多种化学元素与氧化物，形成了色彩斑斓的岩层。地壳运动让地层掀斜抬升，加之长期的流水侵蚀与风化，这些绚丽的彩色条带逐渐显露于地表。遥感影像清晰呈现出了沉积岩区地层的分布特征、不同岩层间的接触关系，以及风化、侵蚀后的地貌特征。

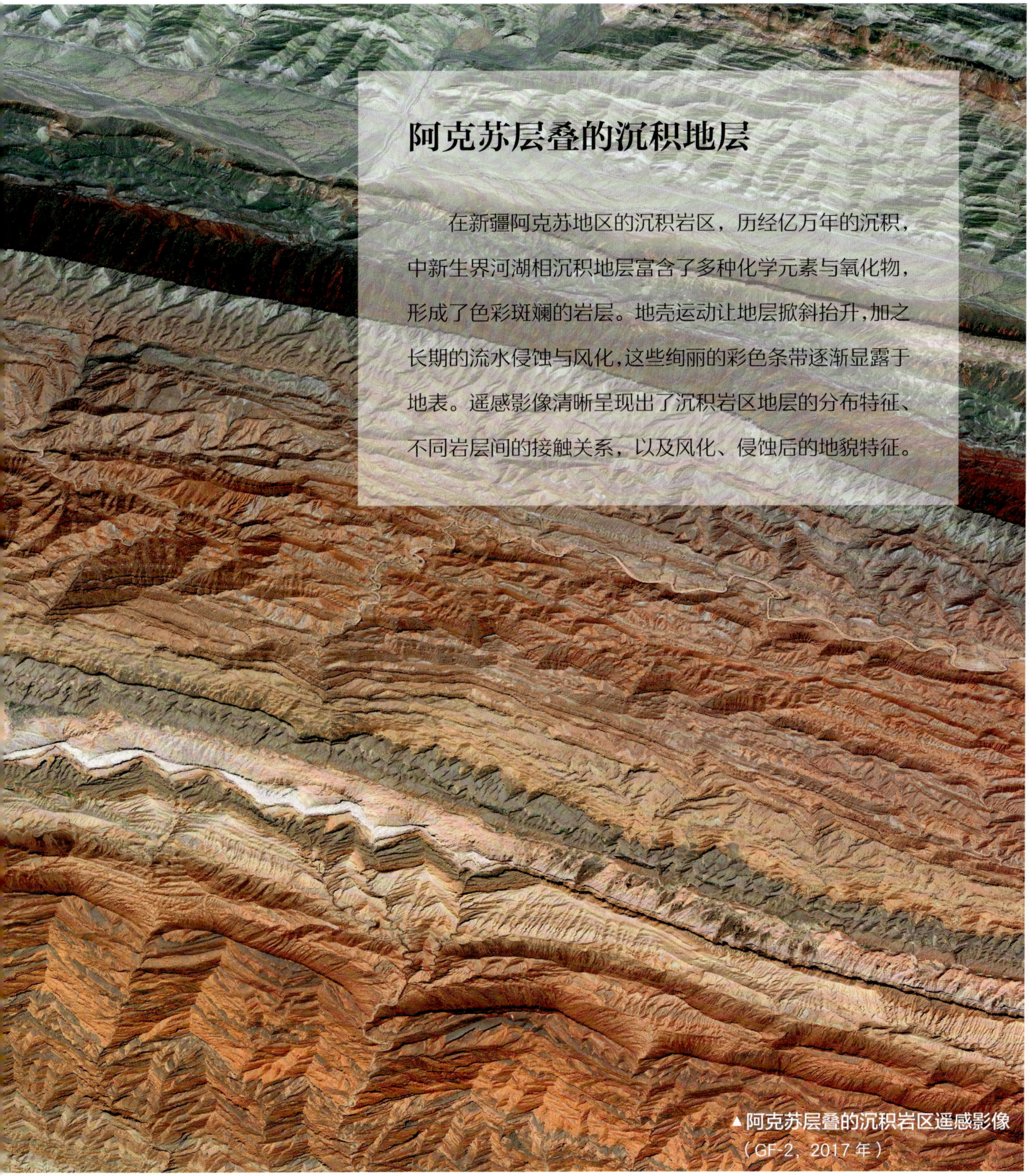

▲阿克苏层叠的沉积岩区遥感影像
（GF-2，2017 年）

喀什倾斜的沉积地层

在新疆喀什疏附县，白垩纪地层与新近纪地层呈北西—南东向排列，向南西向倾斜，形成了一种倾斜的沉积层序。此外，这两个年代的地层间并未形成连续的沉积记录，缺失了关键的古近纪地层，这可能是该地区在古近纪经历了特殊的地质事件或环境变化造成的。此外，在遥感影像的东北角和西南角区域，古老的地层被更为年轻的第四纪沉积物覆盖，呈现出壮美的地质历史画卷。

▲喀什倾斜的沉积地层遥感影像

（GF-2，2017 年）

梧州环状构造

中生代晚期的岩浆作用导致来自地壳深部的岩浆向上侵位到古生代地层中，并使北侧泥盆纪地层褶皱形成环绕岩体西、北及东三侧的向斜构造。

▲梧州环状构造立体视角遥感影像
（ZY3-01，2023 年）

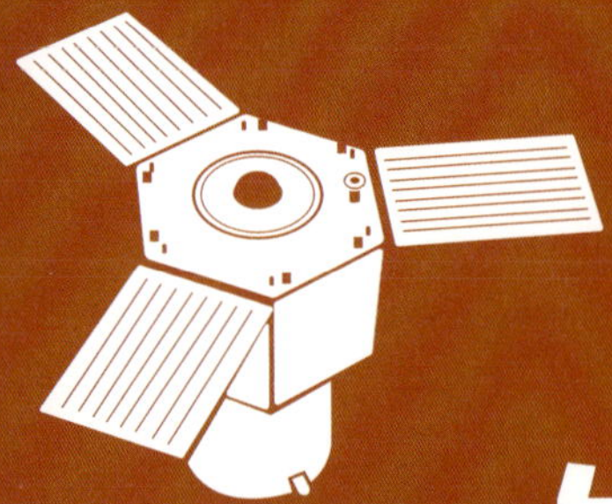

发现中国第四纪冰川

李四光对中国第四纪冰川的发现和研究成果填补了中国地质学在这一领域的空白，《冰期之庐山》等著作为我国第四纪冰川地质的研究，特别为地层划分、气候演变、环境治理、资源勘查等开拓了新思路。

1959 年
获得国际认可
1947 年
奠定研究基础
20 世纪 30 年代
深入调查

中国第四纪冰川的探索

地质历史时期曾出现过多次大冰期，第四纪冰川是距今最近的古冰川。如今，冰川虽已消融不见，却留下了漂砾、擦痕等遗迹，李四光就是通过这些蛛丝马迹，发现我国东部经历过第四纪冰川作用，开启了我国第四纪冰川的探索。

在太行山以东，研究开端

1921 年，李四光在太行山以东发现了一些奇怪的大石块，观察四周地形，无论是从山上滚下来或被洪水冲下来，其动力都难以将大石块推动到这么远的距离，难道是冰川搬运来的？他在随后的考察中发现了一些冰川擦痕，又在大同盆地发现延伸数千米的冰川“U”形谷及带擦痕的砾石。

根据这些现象，李四光大胆假设：华北地区可能发育过第四纪冰川，但这种观点在当时并未得到广泛认可。

▼李四光发现的部分冰川遗迹

小知识

冰川漂砾

冰川漂砾是冰川搬运的巨大石块，有的直径甚至可以达到 20 米以上。冰川运动将它们移动到很远的地方。随着时间的推移，全球气候变暖，冰川逐渐融化消失，而那些曾经被冰川搬运的漂砾，就像是被遗忘的旅者，孤零零地被留在了远离它们“家乡”的地方。它们与周围的景象格格不入，仿佛是从另一个时代穿越而来。岁月流转，当这些漂砾被人们发现时，它们便成为一道独特且引人入胜的风景线，讲述着冰川时代古老的故事。

▲西藏林芝的千年古桑树王与冰川漂砾

（桑树王是从冰川漂砾的夹缝中生长出来的，说明该冰川漂砾被搬运到这里的时间要早于桑树王在这里扎根的时间；苏德辰 / 摄）

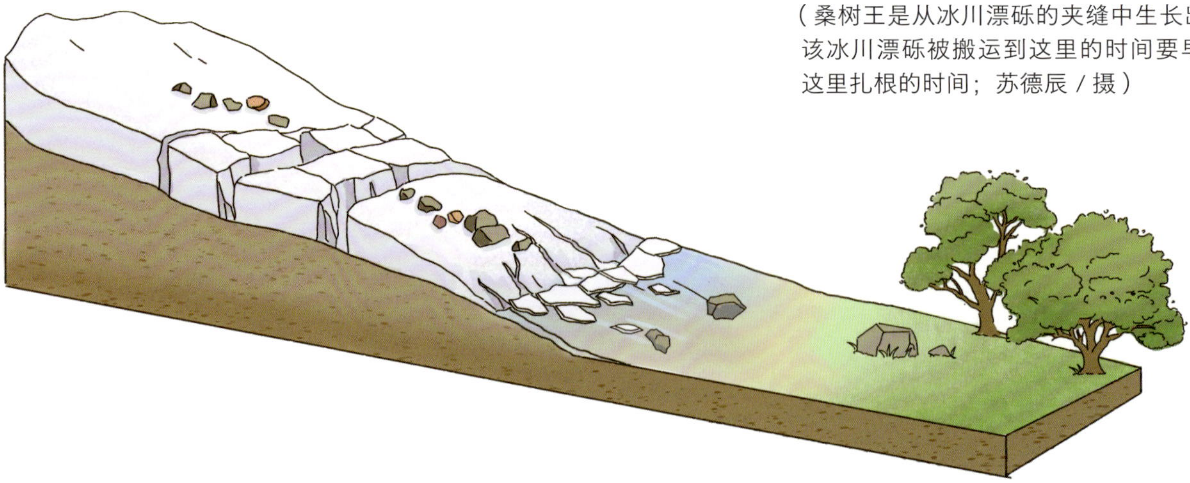

▲冰川漂砾搬运过程示意

▲西藏林芝某处孤单的冰川漂砾

（苏德辰 / 摄）

▲庐山立体视角遥感影像

（GF-7，2022 年 1 月）

在庐山，深入调查

1931 年夏，李四光在庐山海拔近千米的山岭中，发现谷底平缓的冰川“U”形谷、冰川沉积物和巨型的冰川漂砾。据此，提出庐山曾发生过第四纪冰川作用。

1932 年夏，李四光再次来到庐山，获得了大量实地资料。经分析，他认为庐山在第四纪经历过 2~3 次冰期。综合庐山和东部其他地区的研究成果，他认为中国存在第四纪冰川。

1936 年 8 月，李四光又到庐山考察，发现了能够作为“中国有第四纪冰川”确凿证据的冰溜条痕石和漂砾。

1937 年，李四光将在庐山考察所得写成专著《冰期之庐山》。至此，我国第四纪冰川地质研究的大门打开了。

▲王家坡“U”形谷立体视角遥感影像
（GF-7，2022 年 1 月）

山谷冰川和山麓冰川

◀山谷冰川立体视角遥感影像
（GF-1C，2021 年 5 月）

山谷冰川

山谷冰川有明显的冰舌和粒雪盆地，冰川沿早先形成的沟谷运动，呈带状分布。

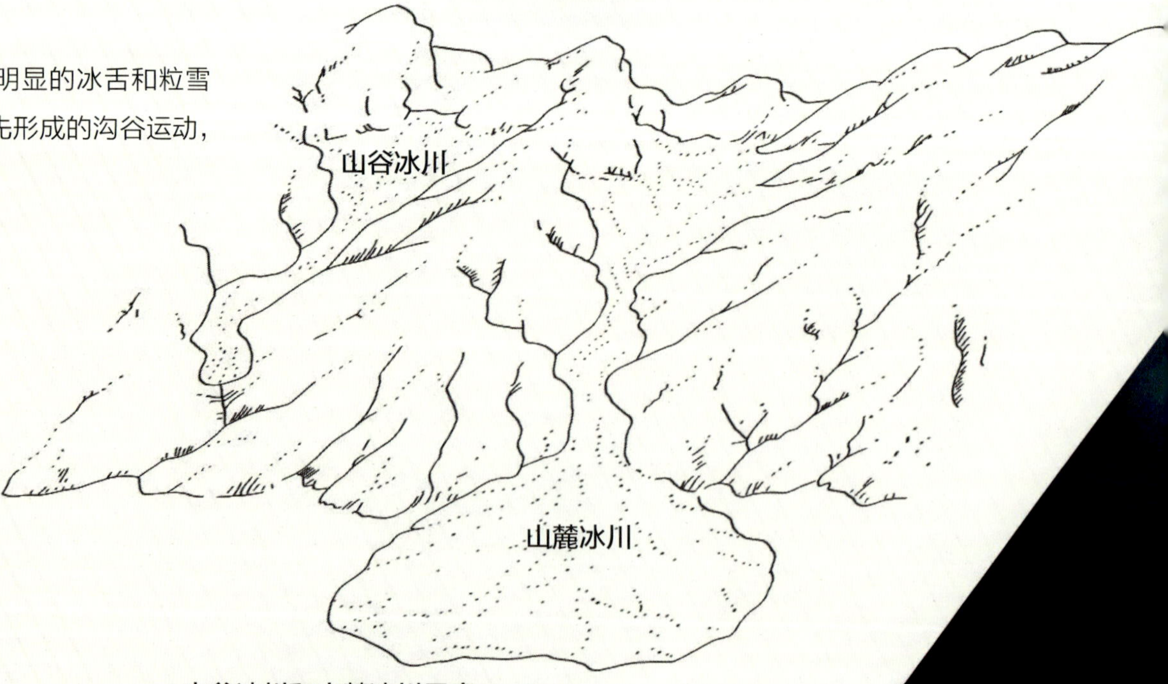

▲山谷冰川和山麓冰川示意

山麓冰川

山麓冰川往往是由一条或多条山谷冰川汇聚，运动到开阔的山麓地带而成的。

▲山麓冰川立体视角遥感影像

（GF-1C，2021 年 7 月）

▲黄山立体视角遥感影像

（ZY3-03，2021 年 5 月）

在黄山，首获认同

1936 年，李四光在安徽黄山慈光寺附近发现了极为显著的“U”形谷及数条平行排列、深浅不一的冰磨条痕，这些条痕清晰地揭示了冰层流动的方向。虽然原有地貌已大幅改变，但留存的冰川特征依然是中国存在第四纪冰川的有力证据。

同年，李四光发表了《安徽黄山之第四纪冰川现象》（英文版）并附了八张典型现象的照片，引起了国内外冰川学者的极大关注，德国地质学教授费斯曼两次前往黄山实地调查，赞叹道：“这是一个翻天覆地的发现。”中国第四纪冰川首次得到外国科学家的公开认可。

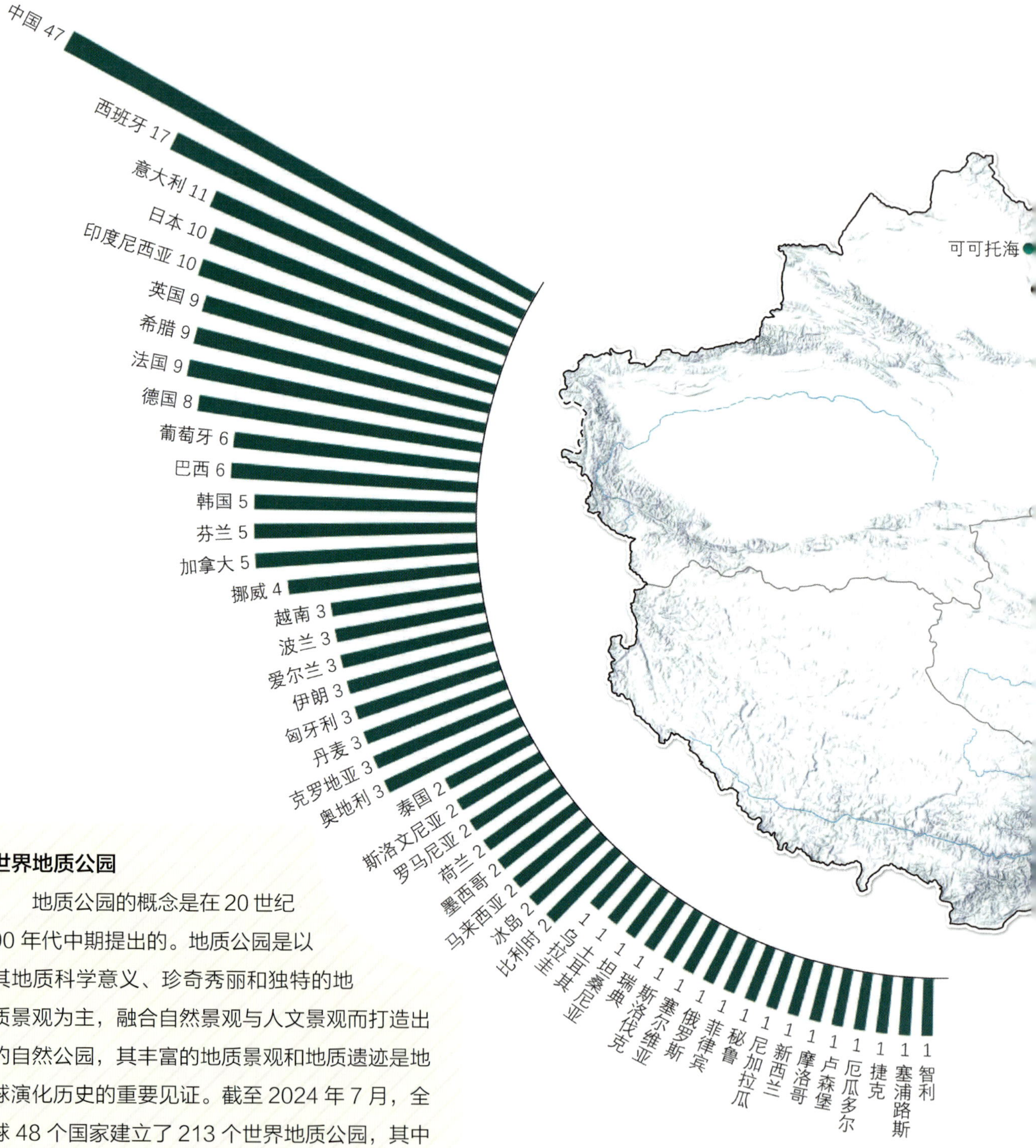

小知识

世界地质公园

地质公园的概念是在20世纪90年代中期提出的。地质公园是以其地质科学意义、珍奇秀丽和独特的地质景观为主，融合自然景观与人文景观而打造出的自然公园，其丰富的地质景观和地质遗迹是地球演化历史的重要见证。截至2024年7月，全球48个国家建立了213个世界地质公园，其中47 个位于中国，这也使中国成为世界地质公园数量最多的国家。2004年，经联合国教科文组织批准，庐山、黄山均成为首批世界地质公园。

▲各国世界地质公园数量统计示意

（该图像经过数据处理；单位：个）

▲我国世界地质公园分布示意

在北京西山，国际认可

1959 年 11 月，苏联纳里夫金院士在李四光带领下，到北京西山隆恩寺进行地质考察，这里的冰川遗迹打破了他之前不相信中国有第四纪冰川的认识。回国后，他写下了文章《亚洲地质史的光辉一页》。

1989 年，在北京西郊翠微山模式口冰川擦痕旁建立了中国第四纪冰川遗迹陈列馆。这是亚洲唯一一座以第四纪冰川遗迹为主题的自然科学专题博物馆，馆内陈列着丰富的冰川相关资料，让参观者能够了解冰川知识，并亲眼看见第四纪冰川留下的独特痕迹。

▲北京西山冰川漂砾
（胡健民 / 摄）

►北京西山立体视角遥感影像
（GF-7，2023 年 6 月）

中国第四纪冰川遗迹陈列館
方毅题

冰碛湖

冰碛湖是一种常见的冰川湖。随着气温的逐渐升高，冰川开始消融，冰川原先携带的搬运物不断堆积，堵塞了谷地和冰川的出口，冰川融水在这些围堵形成的凹地中逐渐积聚，形成冰碛湖。

冰塔林

在低纬度地区，强烈的阳光能够照进冰川裂隙深处，使其融化并使裂隙不断加深扩大，最终精雕细琢成一个个独立的冰塔。从空中俯瞰，仿佛是一条由锯齿组成的冰河。

认识冰川

冰川是水的一种存在形式。要形成冰川，首先需要有一定数量的固态降水，比如雪、雾和雹等。在高纬度或高海拔地区，由于气温寒冷，积雪能够长期不融化，逐渐累积成为终年不化的永久积雪。随着雪量的不断累积，在重力作用的压缩下，雪花逐渐转变为紧密的圆球状粒雪，粒雪之间的空隙也在逐渐变小，最终形成了冰川冰。

在自身重力和上层冰雪的压力作用下，冰川冰像河流一样，沿着山坡缓缓流动，以其独特的剥蚀、搬运、沉积方式，在大地之上雕刻出独特的冰川地貌："U"形谷、冰斗、角峰、刃脊、悬谷等，它们也是人类研究地质历史和气候变化的宝贵资料。

世界之巅就是一座角峰

最有名的角峰就是世界最高峰——珠穆朗玛峰。珠穆朗玛峰位于喜马拉雅山脉中段，海拔8848.86米（2020年测绘数据），山体呈巨型金字塔状。珠穆朗玛峰的东北山脊、东南山脊和西山山脊这三条刃脊中间夹着北壁、东壁和西南壁三大陆壁，在这些山脊和峭壁之间分布着548条大陆型冰川。

▶珠穆朗玛峰立体视角遥感影像
（GF-7，2020年3月）

小知识

“U”形谷

冰川会在自身重力的推动下，持续向山脚移动。当它流经山谷时，冰川的挖掘和磨蚀作用不断增强，将原本狭窄的谷地拓宽，并塑造出两侧陡峭、谷底宽阔平坦的独特谷地，这就是冰川谷。谷的横切面呈现出明显的“U”形，因此人们也习惯性地将其称为“U”形谷。“U”形谷是冰川活动在地表留下的独特印记，是确定冰川地貌的重要证据。

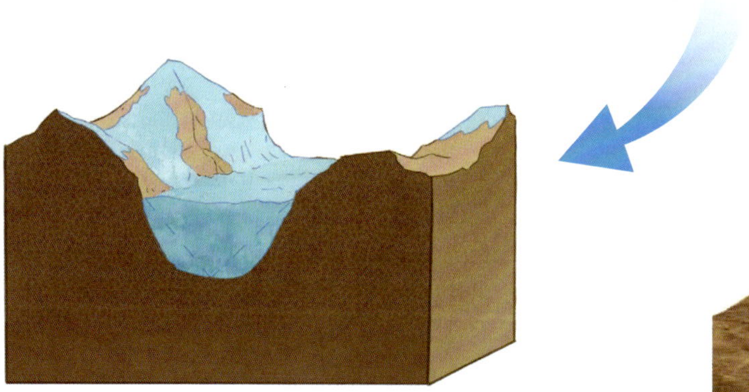

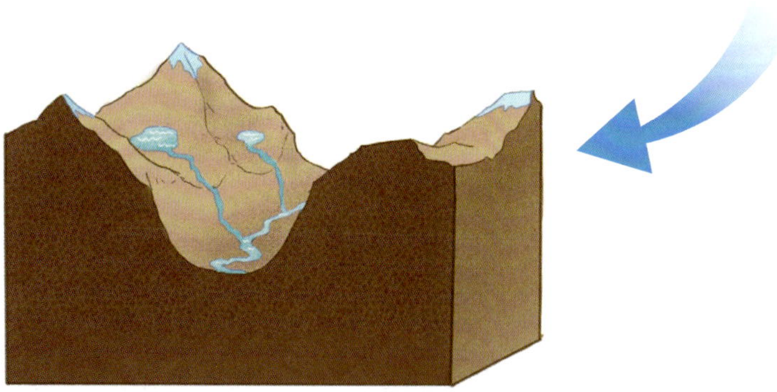

▲“U”形谷形成示意

▶冰斗立体视角遥感影像
（BJ-3，2024 年 1 月）

小知识

冰斗

冰斗是冰川侵蚀形成的三面环峭壁、半圆形洼地，常见于高山雪线附近，由原始积雪洼地演化而来，冰川的刨蚀使洼地不断加深，周围的岩壁也在冰劈和冰塌作用下节节后退。

绒布冰川

绒布冰川是世界上发育最充分、保存最完好的特有山谷冰川，也是珠穆朗玛峰国家级自然保护区内最大的冰川。通过遥感卫星，可以看到千姿百态的冰塔林、冰茸、冰桥、冰墙、冰蘑菇等景观，大自然的瑰丽与神奇尽收眼底。

▲绒布冰川立体视角遥感影像
（BJ-3，2024 年 4 月）

喀纳斯湖

喀纳斯湖为冰碛堰塞湖，在其周围可以看到冰川擦痕、冰碛物等冰川活动遗迹。据推测，这里曾出现过较明显的三次冰期，喀纳斯湖是经第二次大冰期的巨大复合山谷冰川掘蚀而成，后期因气候转暖，冰川迅速退缩，形成了喀纳斯湖。

▲喀纳斯湖立体视角遥感影像
（ZY3-01，2019 年 8 月）

典型现代冰川

第四纪冰川是古冰川，它的壮丽已随岁月消逝。但如今，我们仍有幸踏足高山之巅，一睹现代冰川的雄伟风采，亲身体验冰川带来的震撼与壮丽。

普若岗日冰川——南北极以外最大的冰川

普若岗日冰川是世界上除南极和北极以外最大的冰川，也是世界上最大的中低纬度冰川。冰原向四周的山谷放射，溢出 50 多条长短不等的冰舌，这些冰舌在山谷间蜿蜒伸展，形成了一道道壮观的冰流。

▸ 普若岗日冰川全貌（左）和冰原（右）立体视角遥感影像

（左：ZY3-02，2023 年 1 月；右：GF-1C，2020 年 12 月）

明永冰川——横断山脉步伐最快的冰川

与水流相似，冰川并非是静止不动的。一般冰川的日均移动距离为几厘米至数米。

明永冰川位于梅里雪山主峰瓦格博峰的东坡，是一条低纬度热带季风海洋性现代冰川。由于其所处区域的雪线低、气温高、消融快，且主要依赖降水来维持其存在，因此它的移动速度相对较快，最快时每天可以移动一米以上。

▲明永冰川立体视角遥感影像（GF-7，2022年1月）

透明梦柯冰川——高大宽广的纯白世界

透明梦柯冰川位于祁连山西段，其名源于蒙古语，寓意高大宽广。因易于攀登，曾吸引无数冰川探险者前来探索和挑战，但近年来，透明梦柯冰川的消融速度日益加快。2017 年 5 月，透明梦柯冰川实行全面封闭保护措施，旨在减少人类活动对冰川的影响，促进冰川的自然恢复，让这片壮丽的冰川得以延续其独特而珍贵的自然风貌。

◂透明梦柯冰川立体视角遥感影像

（GF-2，2020 年 10 月）

警惕！冰川消融危机

全球气候变暖已是不争的事实，冰川消融速度触目惊心。通过分析我国两次冰川编目资料可知：西部冰川总体呈现萎缩态势，面积缩小约 18%，阿尔泰山和冈底斯山的冰川退缩最为显著，分别缩小了 37.2%、32.7%；绒布冰川诸多冰塔已经融化、崩塌，变得更加稀疏、矮小，甚至逐渐衰亡，部分冰湖已变成水湖。

通过遥感卫星监测发现，透明梦柯冰川的末端在 60 多年中退缩了 400 余米，储量减少了约 1.5 亿立方米，2000 年后，其冰川平均厚度每年减少约 29 厘米。位于黄河源头的哈龙冰川，从 20 世纪 80 年代至今，其末端退缩超过了一千米。

▶哈龙冰川立体视角遥感影像
（上：Landsat5，1987 年 8 月；
下：GF-1B，2023 年 7 月）

哈
龙
冰
川

哈
龙
冰
川

冰川消融带来的不可预料的灾害不停地向人类发出警示！

2018 年 8 月 10 日，新疆喀喇昆仑山克亚吉尔冰川堰塞湖因冰川融雪导致溃决，3500 万立方米的融雪性洪水（相当于三个西湖的水量）瞬间倾泻而下，导致下游水位急剧上涨。据估算，溃决前后堰塞湖的面积由 240 万平方米急剧缩小至 84 万平方米。

2016 年 7 月 17 日，西藏阿汝错湖区的 53 号冰川突然发生冰崩，在短短几分钟内，冰体向下游移动了约六千米，并以高达 90 千米 / 时的速度冲入阿汝错湖区，形成了高达十米的湖啸，造成了严重的破坏。两个月后，该冰川群南侧的 50 号冰川也发生了类似的冰崩事件。这种情况在以往极少出现。

▼阿汝错湖区冰川冰崩前后立体视角遥感影像
（左：ZY3-01，2016 年 2 月；右：ZY3-01，2017 年 3 月）

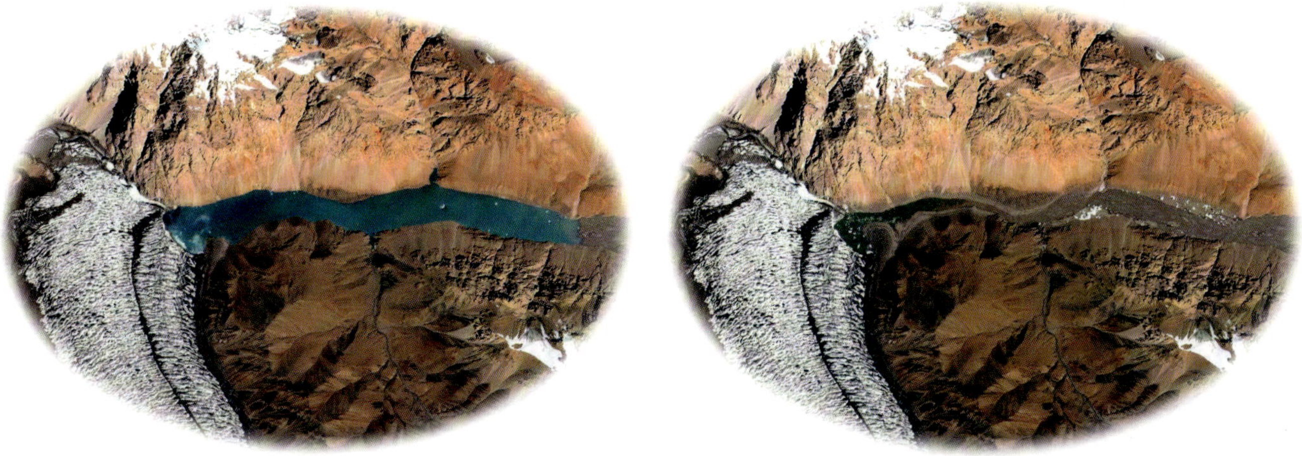

▲克亚吉尔冰川溃决前后遥感影像
（左：ZY3-01，2018 年 7 月；右：ZY3-01，2018 年 8 月）

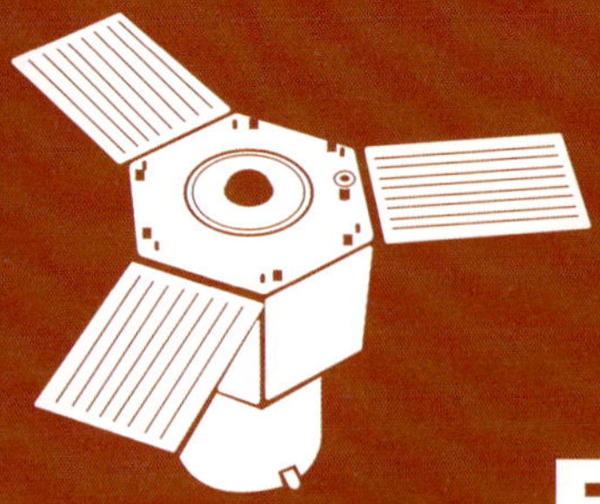

尾声

李四光始终坚持科学从实践中来的思想，秉持理论创新，不盲从西方科学家的论断，《冰期之庐山》《地质力学概论》等理论巨作的诞生之路，充分体现了李四光的地质科学思想的发展与创新。

在今天，一批批科技工作者秉承着李四光的探索精神，如同手持创新的火炬，勇往直前地拓展科学的新疆界。他们在基础理论研究上不断深化，在知识的边缘上不断探索，涌现出一系列创新理论方法，为科学的进步和发展贡献着自己的力量。

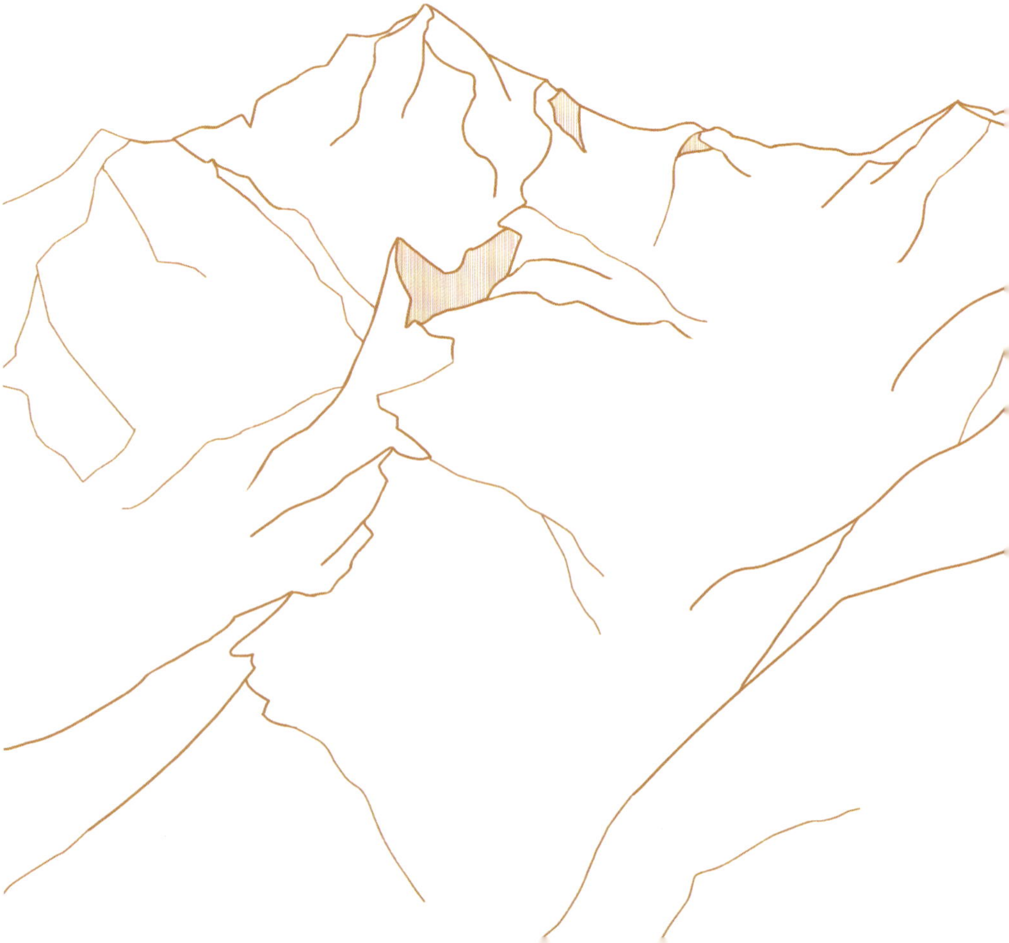

创新是李四光一生的主旋律，也是他对年轻一代的殷切嘱托。李四光曾给武汉大学题词：“用创造的精神和科学的方法求人生的出路”，也曾寄语青少年：“要努力学习，掌握那些变化的规律，推动科学更快地前进，来创造幸福无穷的新世界。”

应用篇

03

应用篇将跟随李四光的足迹，见证其在油田开发、矿产勘查、地震预测领域的实践成效。

新中国成立后，面对国家百废待兴的局面，李四光毅然回国，投入祖国建设。

他，**为国找油**，提出中国石油勘探三大远景区，大庆、大港、胜利、塔里木等油田的相继发现，彻底粉碎了“中国贫油”论。

他，**为国找矿**，创新地质找矿理论，指导重要矿产资源的勘探，专题授课培养找矿人才，切实保障国家建设；取得核燃料勘探的重大突破，有力支撑国防安全。

晚年的他，不负周恩来总理的重托，潜心**研究地震预测预报**，部署地应力监测台站建设，成功预测河间地震，为地震预测和防灾减灾工作奠定了基础。

应用篇主要介绍——

- 油田开发
- 矿产勘查
- 地震预测

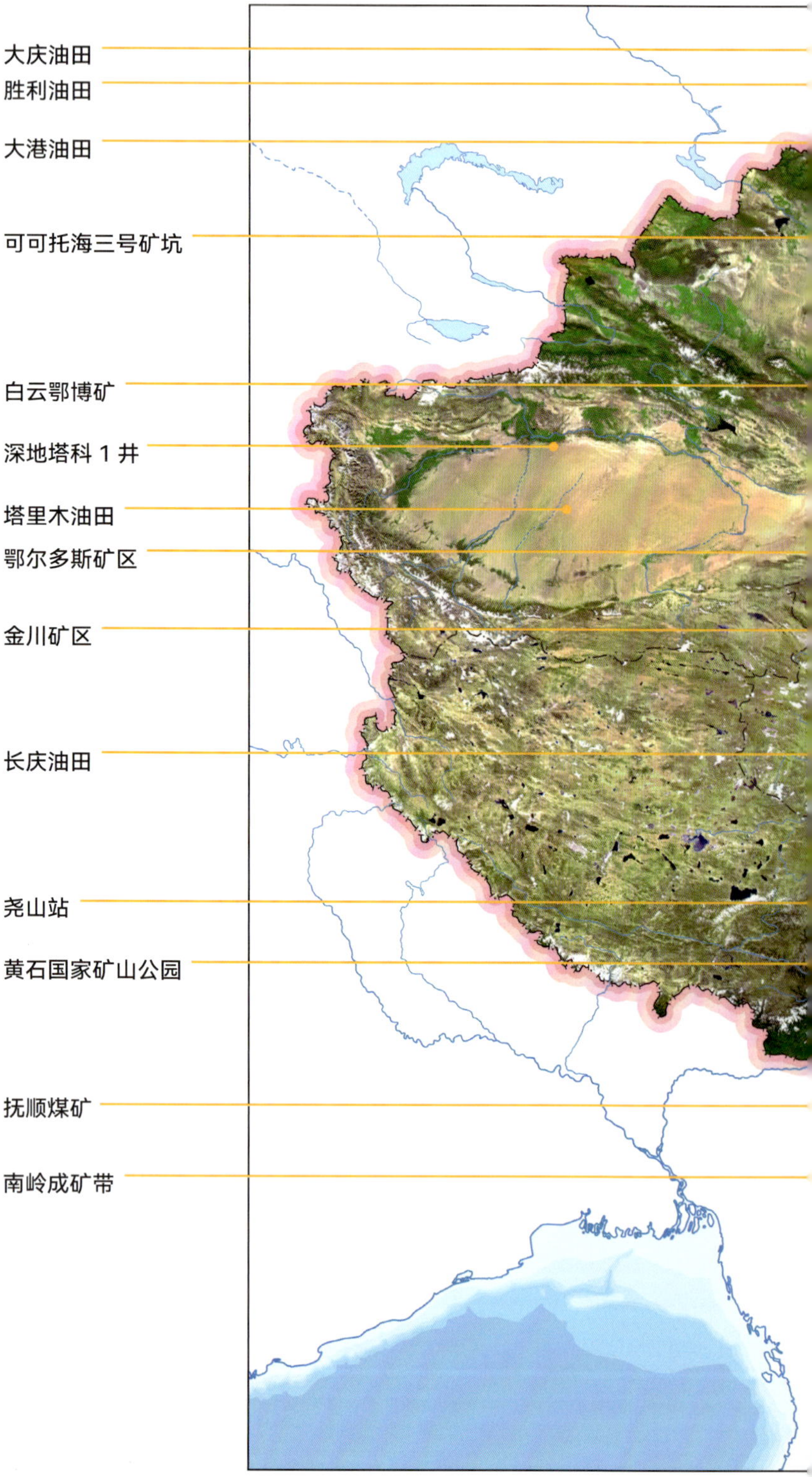

▸应用篇介绍地点地理位置示意

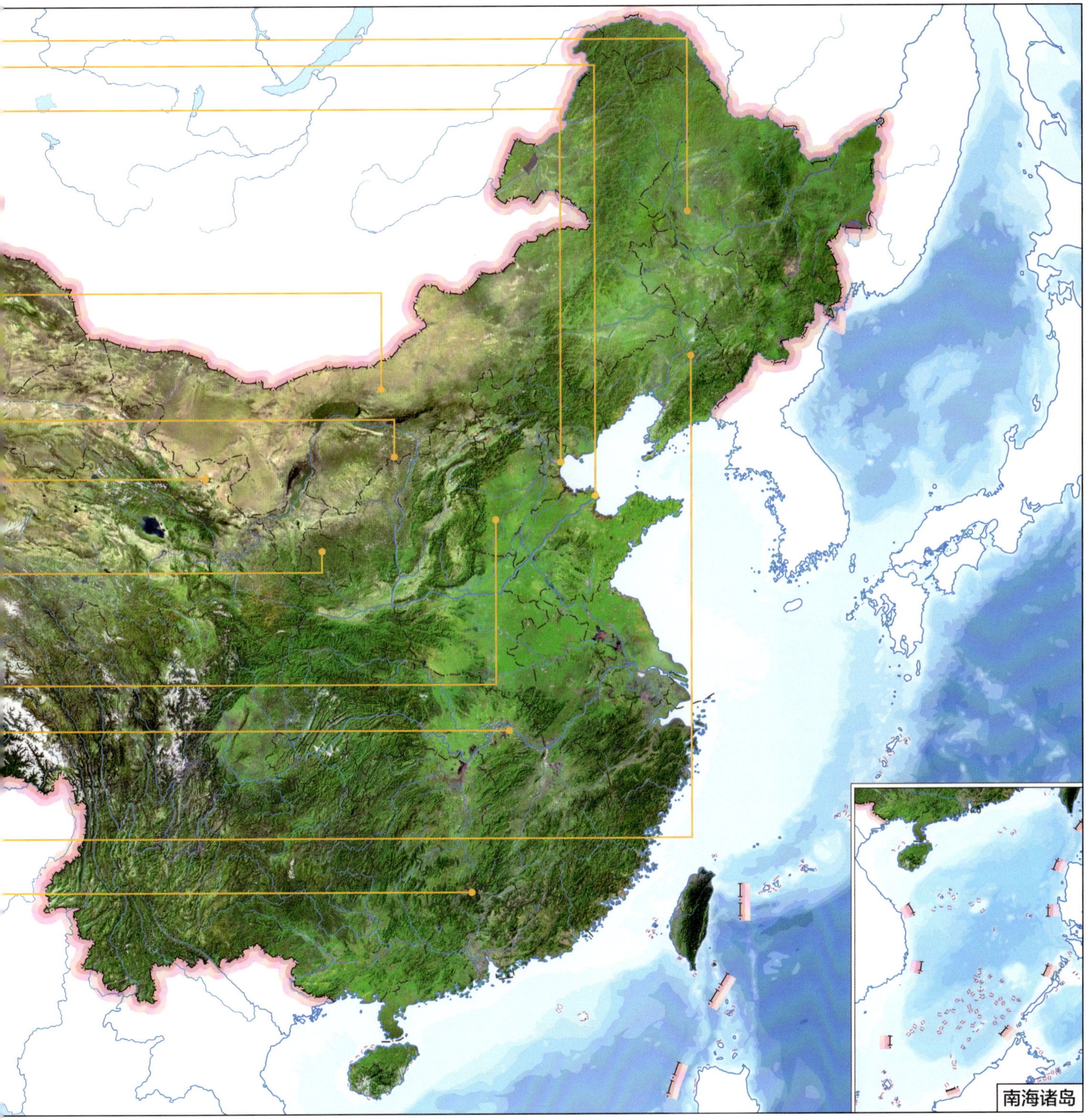
南海诸岛

油田开发

石油被称为“工业的血液”，是工业发展的基础性能源。

新中国成立初期，中国石油资源极为匮乏，一些外国学者甚至断言中国是“贫油国”。但李四光坚信中国蕴藏着丰富的石油资源，而且在海相和陆相地层中都可以找到石油。他提出的“构造体系控油”理论为石油勘探提供了重要的理论依据和技术支持。

李四光提出中国石油勘探三大远景区：青、康、滇、缅大地槽的边缘区域，阿拉善—陕北盆地，华北平原—东北平原，并指出塔里木盆地的石油远景是有希望的。随后，大庆、大港、胜利、塔里木等油田的相继发现，验证了李四光的科学论断，使中国摘掉了“贫油”的帽子，也为国民经济建设提供了能源保障。

李四光认为沉积条件和构造条件是形成石油的两个要素。沉积条件主要考虑沉积物埋藏于不太深也不太浅的地槽区域，沉积时间较长，且沉积环境具备有利于有机物生长的温度、湿度等条件；构造条件如盆地、台地、地槽等大型构造，断层、节理、片理等中型构造以及一些小的构造等，都会对石油的形成与聚集产生影响。李四光将找油理论与实地调查结合，预测了我国多个地区的石油远景。

▼石油藏的形成及开采示意

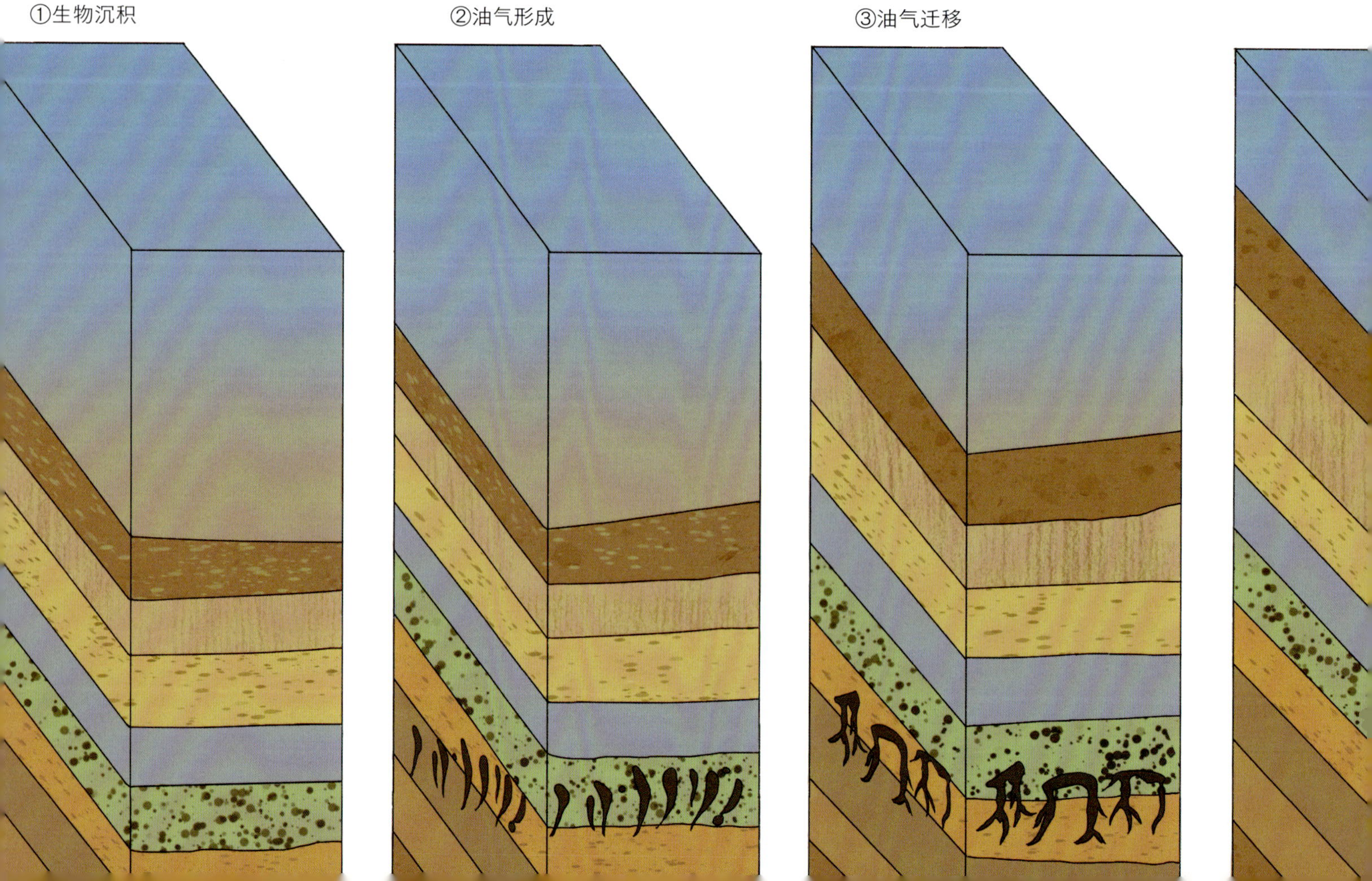

小知识 石油藏的形成与开采利用

石油藏的形成过程是生物、地质、化学等因素综合作用的结果。古代海洋生物死亡后沉积到海底（①生物沉积）；沉积的有机质受到地热和压力作用，经过漫长的地质年代，转化为分散的油气（②油气形成）；油气因密度低，通过岩层的孔隙和裂缝向上迁移（③油气迁移）；最终在多孔的储集层中聚集，被盖层封闭，成为油气藏（④油气成藏）。

油气藏的开采利用是一个复杂的过程：首先需要使用地球物理勘探等方法确定油气藏的位置和规模；再使用钻井设备钻探到地下，穿透岩石层，直达含油层；当油井将石油抽取到地面后，还需要将开采出的石油与天然气、水等分离；最后被储存在储罐中，运输到炼油厂进行加工。

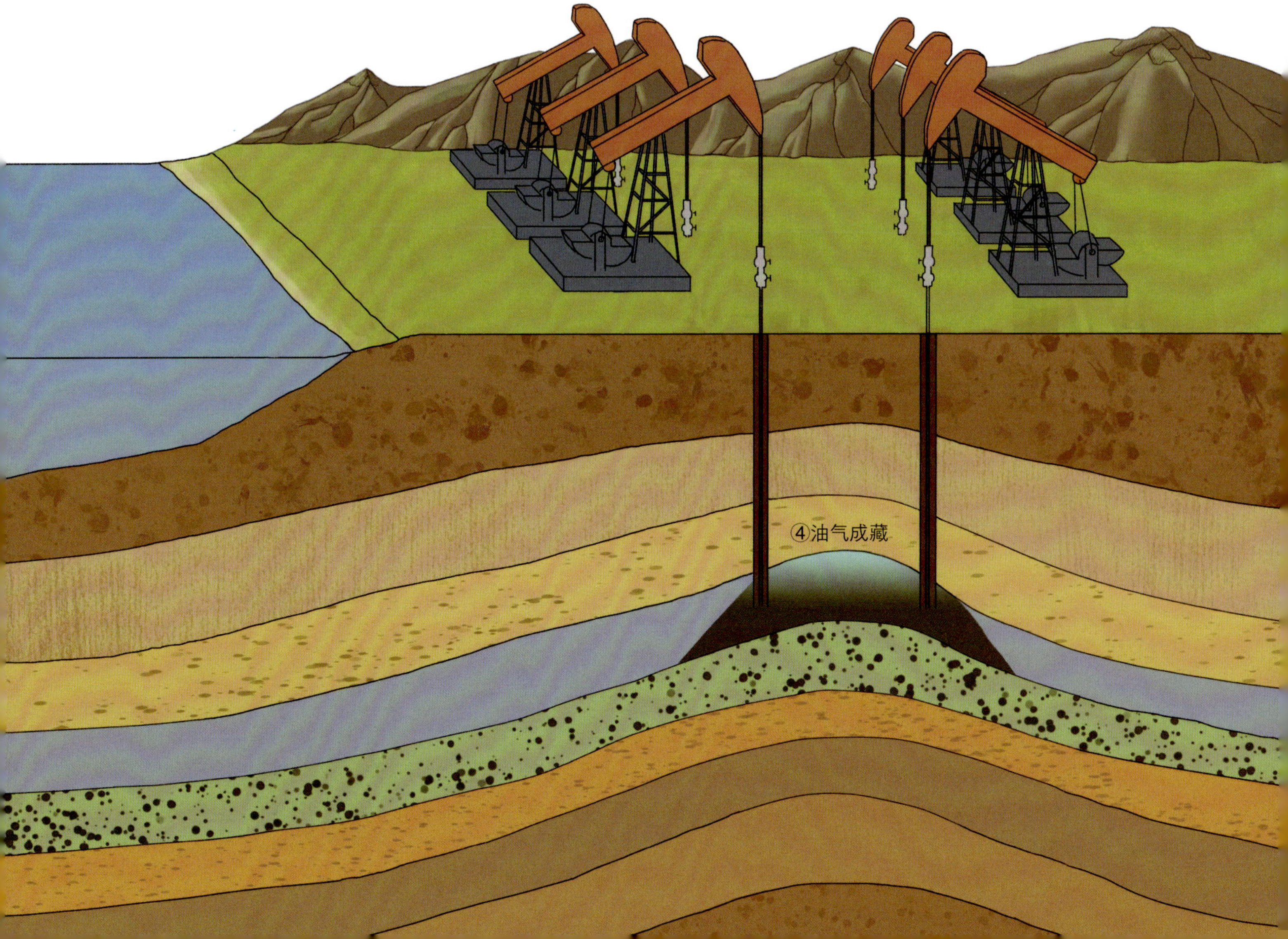

大庆油田
——新中国石油工业的开端

大庆油田的发现和开发是中国石油发展史上的重要篇章。

李四光认为：松辽平原的沉降带在两亿多年前就开始积累从旁边隆起地倾泻来的有机物，又经地壳的不断下沉，这些有机物在封闭的沉积层中转化为石油的可能性非常大。

1959 年，松基三井的油流喷涌而出，宣告了大庆油田的诞生，标志着新中国石油工业的伟大开端。

1960—1963 年，来自全国的数万石油工人在自然环境恶劣和财力、物力匮乏的条件下，仅用三年多的时间获得了石油大会战的胜利，实现了新中国石油自给的宏伟目标。

1963 年，大庆油田进入全面开发的新阶段，萨尔图、杏树岗、喇嘛甸等油田相继投产。

大庆油田创造了连续 27 年年产原油 5000 万吨以上的奇迹，成为激励一代代石油人的精神丰碑。

▸ **大庆油田遥感影像**
（GF-7，2022 年 8 月）

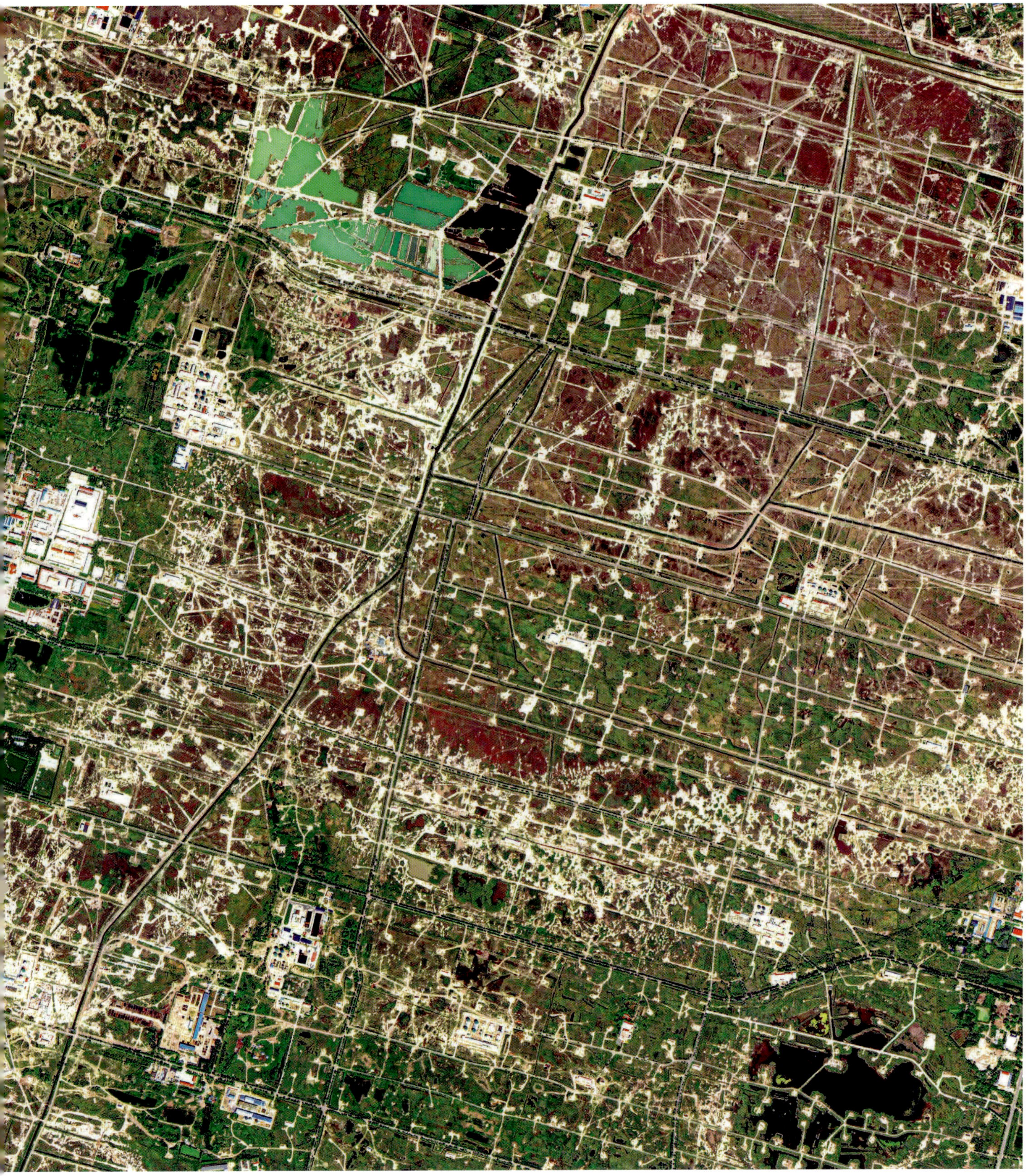

松基三井

松基三井是大庆油田的第一口油井，它的发现拉开了大庆石油会战的序幕。2001 年，松基三井被国务院列为国家级文物保护单位，成为我国最年轻的文物。这里也成为重要的爱国主义教育基地。

▲松基三井

◀采油作业区遥感影像
（BJ-3，2022 年 9 月）

因油而生的大庆

1959年9月26日，松基三井第一次出油，恰逢新中国成立十周年大庆之日，因此得名“大庆”。

历经几十年的发展，“石油城”中磕头机、储油罐等工业景观与博物馆、体育场等人文建筑相互映衬，构成了一道魅力独特的风景线。大庆，不仅是助推新中国工业发展的功勋之城，也是人们安居乐业的幸福之城。

当前，大庆人以实际行动践行牢记习近平总书记的嘱托：“当好标杆旗帜、建设百年油田。”

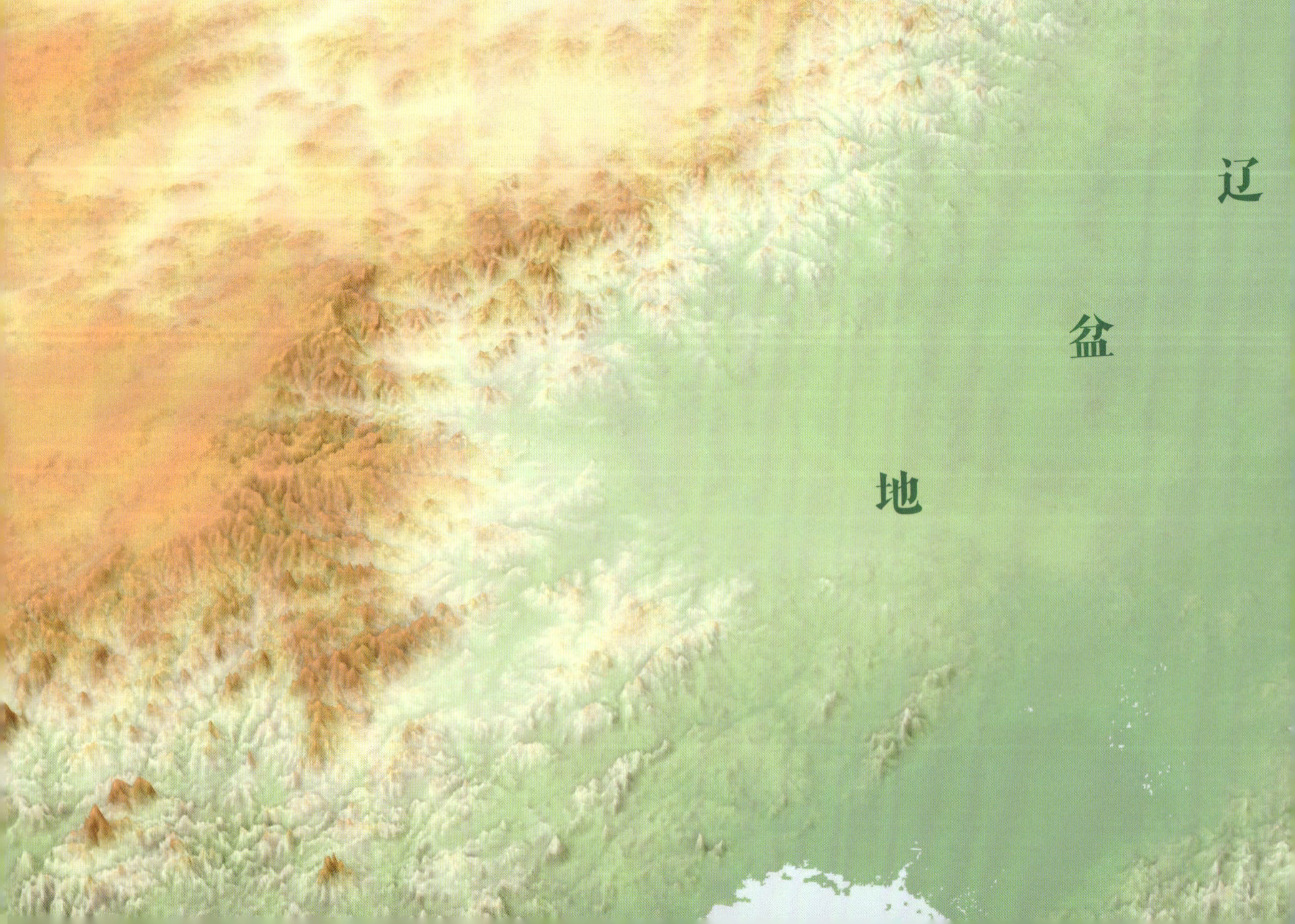

松

▲大庆采油、储油设施遥感影像
（BJ-3，2022 年 9 月）

▼大庆城市风貌遥感影像
（BJ-3，2022 年 9 月）

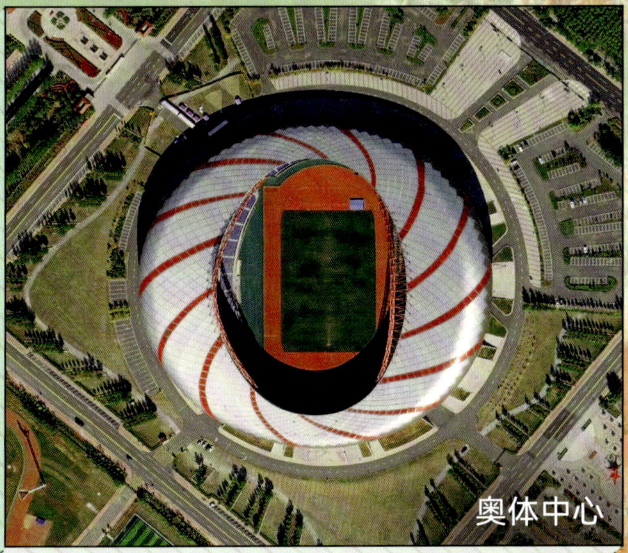

胜利油田

——华北平原上的新篇章

位于李四光提出的石油勘探三大远景区之一——华北平原上的胜利油田，它将昔日的荒原变成能源宝库，给黄河三角洲带来了蓬勃生机。

1961 年，东营附近的华八井首次涌出工业油流，标志着胜利油田的发现。

1962 年，营二井可日产 555 吨油流，刷新了全国单井日产量的纪录。

1965 年，坨 11 井发现了 85 米的巨厚油层，日产原油 1134 吨，是全国第一口千吨井。因其位于胜利村构造上，因此得名“胜利油田”。

▶胜利油田局部遥感影像

（GF-7，2023 年 4 月）

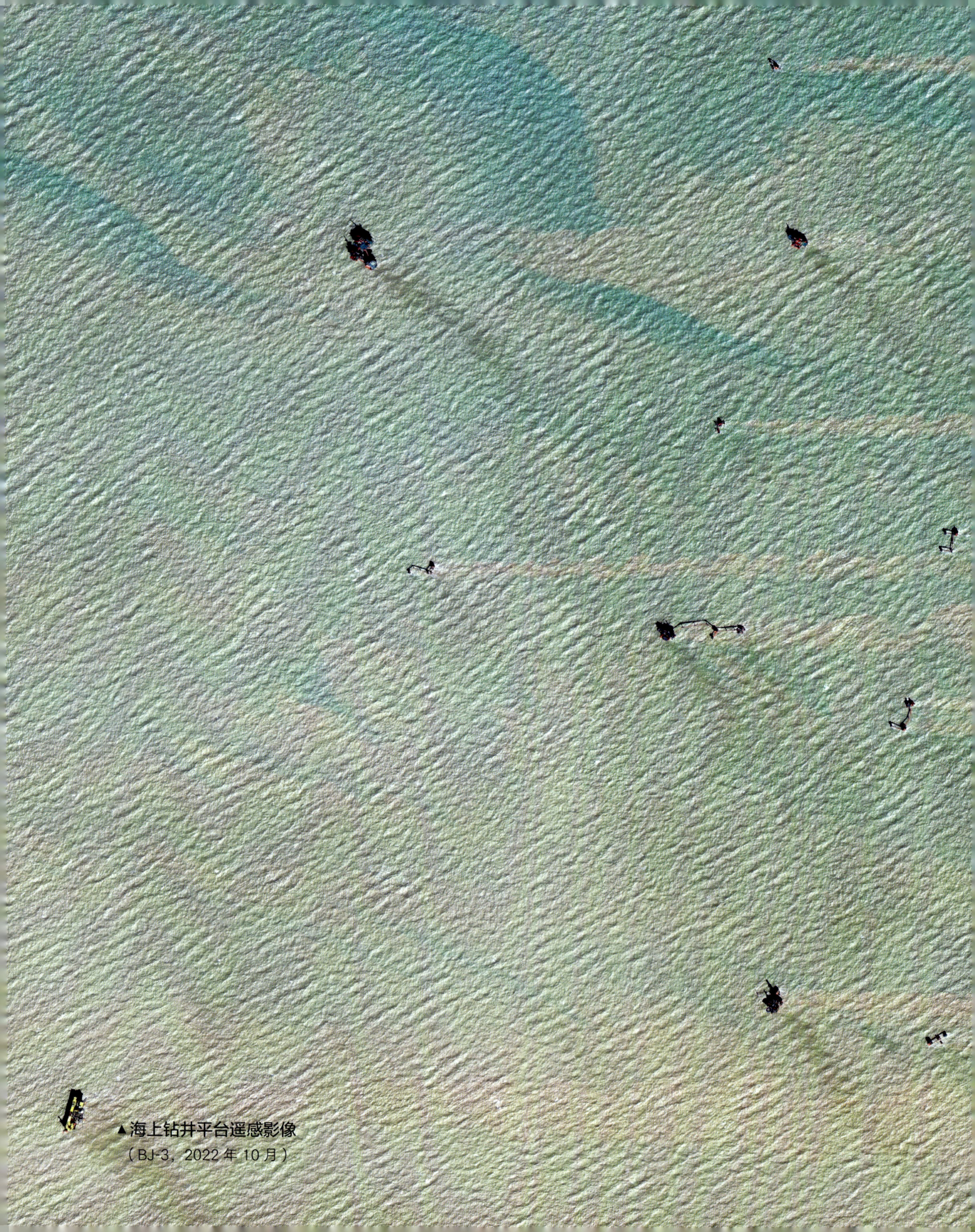

▲海上钻井平台遥感影像

（BJ-3，2022 年 10 月）

大港油田

——盐碱滩上的新突破

大港油田位于渤海湾畔的盐碱滩上，总部在天津滨海新区，是继大庆、胜利之后新中国自主开发的第三大油田。

1964 年 12 月，大港油田港 5 井在钻至地下深度约 2526.34 米时发生了强烈井喷，标志着大港油田的诞生。后又相继开发建设港东、港中、港西、唐家河等多个油田。大港油田的发现再次验证了李四光对于环渤海湾地区有广阔找油前景的预测。

◂大港油田局部遥感影像
（BJ-3，2023 年 6 月）

长庆油田

——陕甘宁盆地的石油巨星

历时 14 年，在陕甘宁盆地的勘探工作仍未取得实质性进展，几乎准备放弃。然而，在 1968 年，在听取地质部第三石油普查大队汇报后，李四光坚持认为该盆地具备生油条件，建议深入盆地中心进行勘探。此后仅用半年时间，普查队便成功钻探出工业油流，验证了李四光的远见卓识。

如今，长庆油田已经发展成为中国首个达到 6000 万吨级规模的特大型油气田。

▶ 长庆油田某采油作业区遥感影像（BJ-3，2024 年 6 月）

▼ 长庆油田局部立体视角遥感影像（GF-7，2021 年 8 月）

陕甘宁盆地

塔里木油田
——西部的能源经济动脉

塔里木油田的油气资源丰富，但由于塔克拉玛干沙漠地表条件恶劣、地质构造复杂，且多为隐蔽性油气藏，勘探开发难度极大。

1958 年在新疆维吾尔自治区库车县喷出了日产 140 立方米的工业油流，塔里木第一个油田由此诞生。此后数十年，塔里木盆地油气资源陆续被发现，如中国第一个亿吨级海相砂岩油田——哈得油田、中国最大的凝析油气田群——英买力气田群等。

目前，塔里木油田是中国陆上第三大油气田，也是中国西气东输的主力气源地。

▼塔里木油田局部遥感影像
（GF-7，2021 年 10 月）

小知识

石油工业的新深度

深地塔科 1 井是我国首口设计井深超万米的科学探索井，设计井深为 11100 米。它位于我国最大的深地油气富集区，也是全球唯一以超深层资源为主的含油气盆地——塔里木盆地。2024 年 3 月 4 日，深地塔科 1 井钻探深度突破 1 万米，成为世界陆上第二口、亚洲第一口垂直深度超万米井，标志着我国万米级特深井钻探能力与配套技术跻身国际先进水平。

▸ 深地塔科 1 井遥感影像
（GF-7，2024 年 1 月）

矿产勘查

除石油之外，铀矿、金矿、铁矿、稀土矿和煤矿等矿产资源同样在社会发展和繁荣中扮演着举足轻重的角色。

回望新中国成立初期，百废待兴。然而，由于矿产资源匮乏，我国的建设与发展受到了严重制约。李四光等一批地质科学家，急国家之所急，想国家之所想，为找寻国家急需的矿产资源贡献了智慧和力量。李四光运用地质力学理论研究地质构造现象，预测和识别潜在的矿产资源富集区，并对重点区域如何开展进一步的区测、普查和勘探等给出了具体的指导意见。

在地质力学等科学理论的助力下，我国集中力量开展矿产资源的勘探和开发，探明了一大批矿产资源储量。这些发现不仅为我国工业的发展注入了强大的动力，更为科技进步提供了源源不断的物质支撑，为我国的持续繁荣和发展做出了巨大的贡献。如今，我国的矿产勘查技术已取得显著进步，为国家安全提供了坚实的保障。

南岭成矿带
——铀矿支撑中国核工业发展

李四光早就预见到新中国的国防和经济建设需要铀矿资源。在1949年回国时，他从英国带回了一台伽马仪，为中国后来寻找铀矿发挥了重要作用。

李四光提出了构造体系控矿理论。他认为在中国寻找铀矿，主要是在几个纬向构造带上，如南岭纬向构造带、天山—阴山纬向构造带、秦岭纬向构造带等。

1955年，勘探队在南岭成矿带找到了711特大型铀矿床。该矿床以规模大、品位高、易开采著称，是中国铀矿地质事业的重要里程碑。到第二个五年计划末期，该矿床铀产量已能保证中国核工业的发展需要。

▲李四光带回的伽马仪

▼高光谱遥感卫星矿物识别示意
（图中不同的颜色表示不同的矿种）

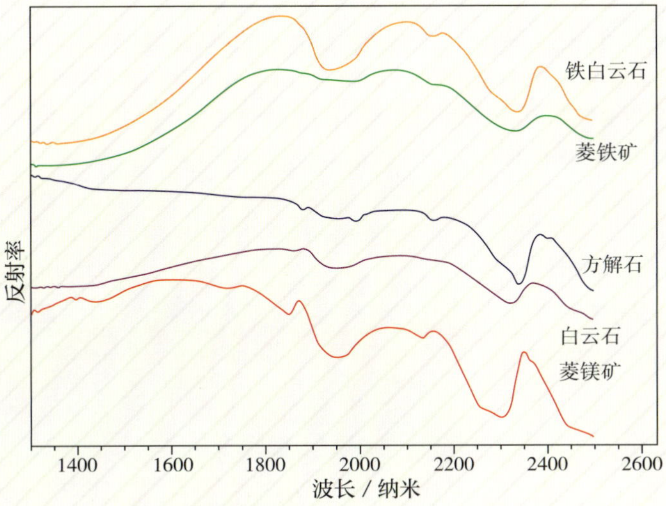

▲不同矿物的光谱差异

小知识

遥感卫星如何识别矿物?

矿物的光谱特征是遥感卫星识别、提取岩矿的基础。不同矿物在肉眼可能难以区分，但不同矿物的光谱特征存在差异，矿物的特征光谱曲线是其独一无二的“指纹”。高光谱遥感卫星最大的本领就在于能够获取地表每个位置的连续光谱信息，通过采集这些“指纹”，就能识别出矿物的种类。

2021 年，我国首次利用高光谱遥感卫星完成了全国陆域赤铁矿、褐铁矿、菱铁矿、绢云母、绿泥石、方解石等十余种矿物的提取和填绘，准确率高达 90% 以上。

小知识

遥感卫星如何监测矿山？

遥感卫星宛如“空中卫士”，不仅可以清晰捕捉矿山开采活动中的地物，如开采面、矿石堆、运输车等，还可以准确计算矿山的面积、体积等，甚至能够还原矿山的开采过程。

此外，不同类型的遥感卫星可以各显神通：雷达卫星能监测矿山毫米级的沉降变化；高光谱卫星能评估矿山周边的生态环境质量。

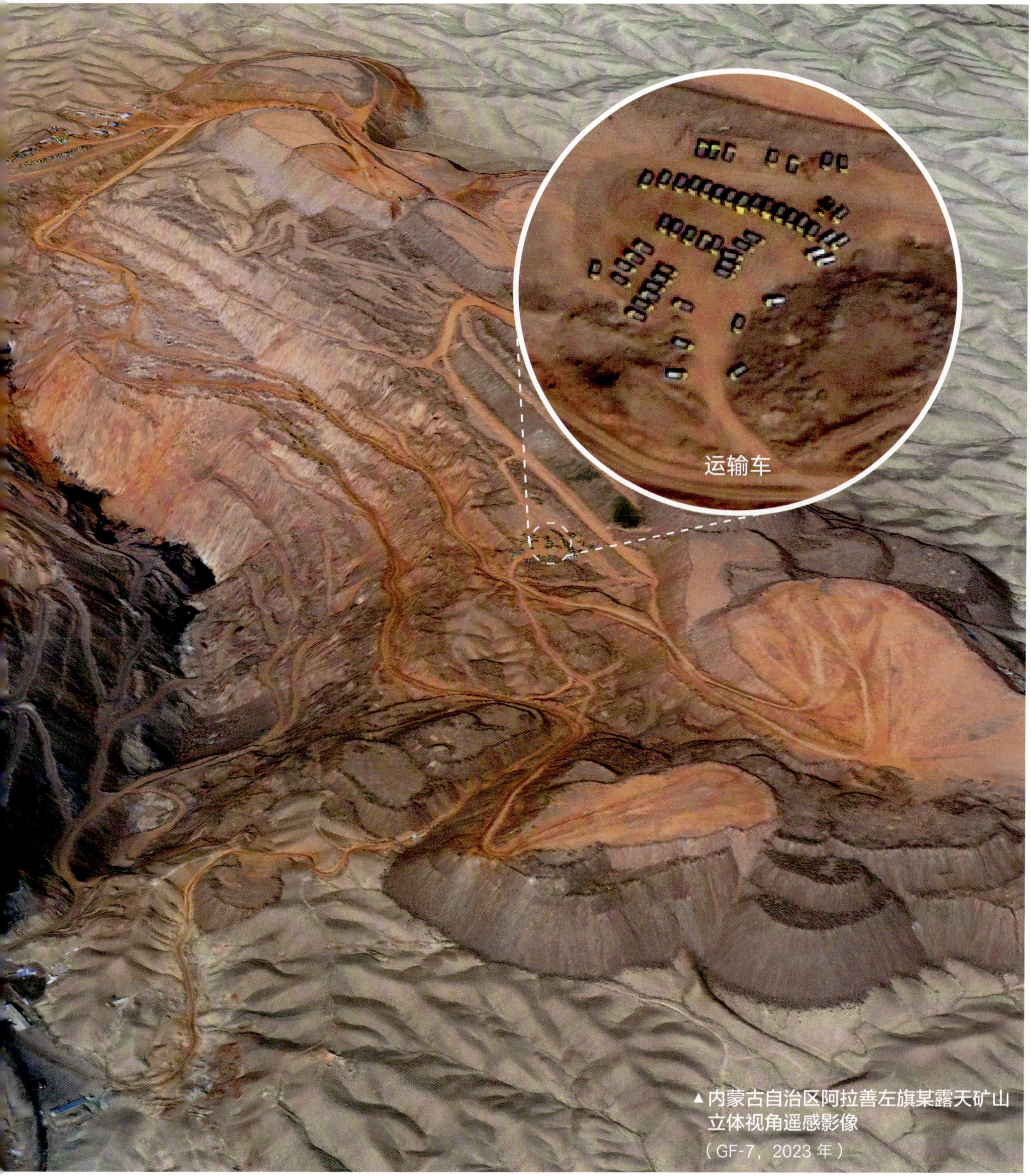

▲内蒙古自治区阿拉善左旗某露天矿山立体视角遥感影像
（GF-7，2023 年）

白云鄂博矿

——富饶神山的稀土之都

白云鄂博，蒙语名为“白云宝格达”，意为“富饶的神山”。1958 年，包钢地质队在白云鄂博铁矿进行深部勘探时，发现了稀土矿体，经过多年的勘探和开采，人们发现了百余种矿物，白云鄂博稀土矿床已成为中国重要的稀土资源基地。

▲白云鄂博矿遥感影像

（GF-7，2022 年 7 月）

可可托海三号矿坑

——共和国的功勋矿

可可托海三号矿坑是世界上矿产资源最丰富的矿坑之一，它不仅为中国航空航天和国防工业提供了大量稀有金属材料，还为新中国偿还苏联债务做出了巨大贡献。在这里，人们还发现了原本没有的七种稀有元素，填补了化学元素周期表的空白。

2017 年，可可托海经联合国教科文组织批准，被列入世界地质公园，吸引着众多游客前来参观。

▲可可托海三号矿坑立体视角遥感影像
（BJ-3，2023 年 10 月）

金川矿区

——地质力学指导解决矿山开采难题

金川矿区为我国最大铜镍矿区，为国家经济建设提供了急需的有色金属。但在开采早期，常遇到巷道严重变形的难题。地质学家运用地质力学理论，通过地应力测量与工程稳定性研究，揭示了矿区应力特征及活动规律，颠覆了传统的设计观念，创新性地根据巷道的变形特征提出了相对应的控制方法。

◀金川矿区立体视角遥感影像

（GF-2，2024 年 5 月）

抚顺煤矿

——见证历史的“煤都”

抚顺煤矿自 1901 年建矿以来，一直是中国煤炭工业的重要基地。但因遭受日本侵略者 40 年的疯狂掠夺，大量资源已经流失且环境受到严重破坏。

新中国成立后，抚顺西露天矿焕发新生，历经多次技术改造，煤炭产量迅猛增长，抚顺因此被誉为“煤都”。它曾是亚洲最大的露天煤矿，通过遥感影像测量可得：东西长为 6.6 千米，南北宽为 2.2 千米，开采垂直深度达 400 余米，堪称亚洲第一大矿坑。

▲抚顺煤矿立体视角遥感影像
（BJ-2，2021 年 9 月）

2019 年，抚顺露天矿完成开采使命，正式闭坑。废弃的矿山经过生态修复，华丽转身为生态公园，为资源枯竭型城市的绿色转型提供了生动范例。近两年，矿区在绿化的基础上，铺设了光伏板，实现了生态修复与光伏产业的融合，为经济建设注入了新的活力。从“煤都”到“绿都”，抚顺正续写着可持续发展的新篇章。

▲抚顺煤矿西舍厂 2022 年与 2023 年前后对比遥感影像

黄石国家矿山公园
——这里的石头会“开花”

黄石国家矿山公园是中国首座国家矿山公园，它的前身是历史悠久的湖北大冶铁矿。

这片因矿山开采而形成的岩石山，通过实施生态修复工程，已经蜕变成一片生机勃勃的绿色天地。数十万棵槐树扎根于废石堆上，让这片曾经满目疮痍的矿山披上了绿意盎然的华服，创造了“在石头上种树、在石头上开花”的奇迹。

◀黄石国家矿山公园遥感影像
（GF-2，2021 年 11 月）

绿色矿山崛起

传统矿山开发模式会给环境带来一定的负面影响，如破坏土地结构、污染水资源，甚至打破生态系统平衡等。

我国积极修复治理矿山，解决历史遗留问题，并大力推进绿色开采新模式。截至 2024 年 4 月，全国已有 1000 多家国家级绿色矿山，3000 多家省级以下绿色矿山。我国自然资源部等部级单位联合印发的《关于进一步加强绿色矿山建设的通知》明确：到 2028 年年底，持证在产的 90% 大型矿山和 80% 中型矿山都要达到绿色矿山的标准。

▼鄂尔多斯矿区 2012 年遥感影像

（ZY3-01，2012 年 9 月）

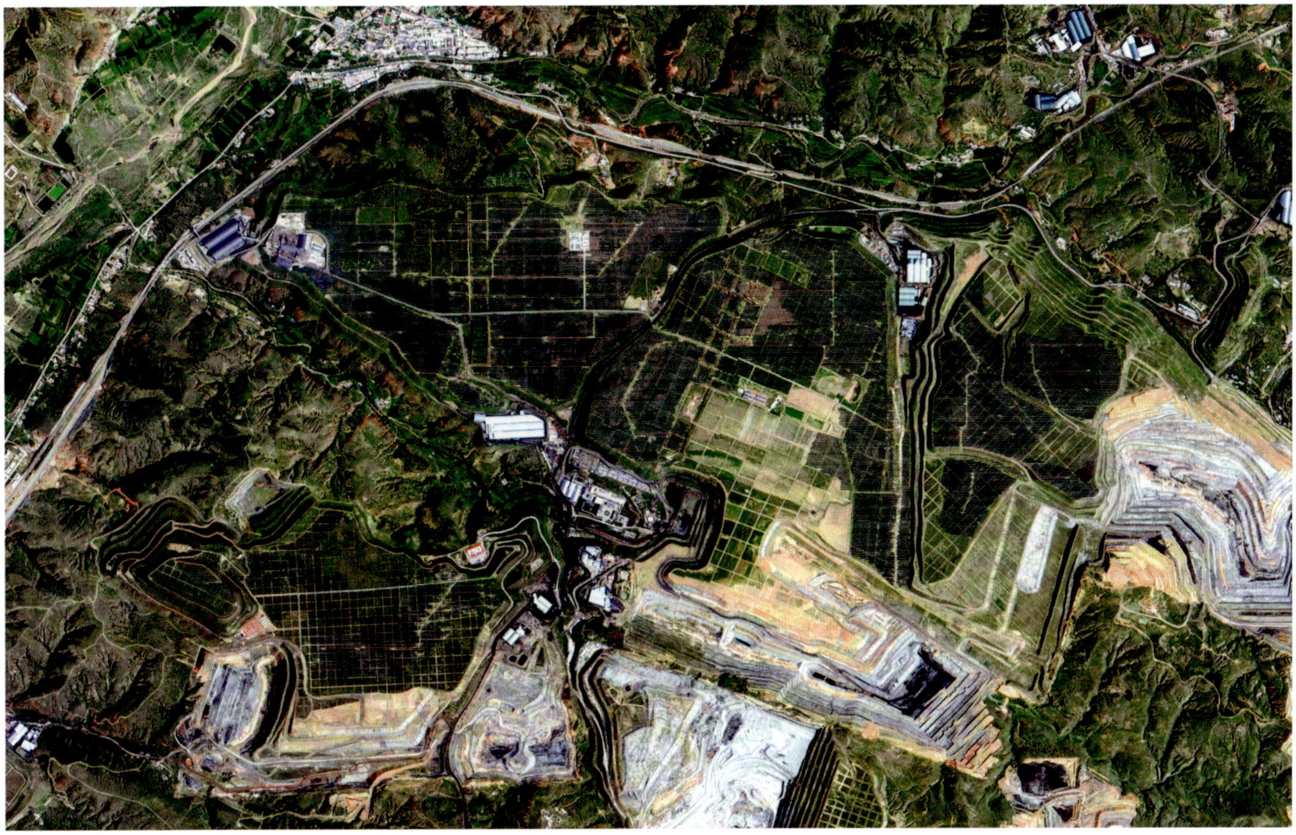

▲鄂尔多斯矿区 2023 年遥感影像
（ZY3-03，2023 年 9 月）

当前，在绿色开采新模式下，降低了对矿区周边环境的影响，也提高了资源的综合利用效率，还迎来了经济效益、生态效益和社会效益的三赢局面，体现了“绿水青山就是金山银山”的发展理念。鄂尔多斯矿区采用了“边开采边修复”的绿色开采模式，让老旧矿坑重现生机；北部矿坑已开展太阳能光伏设施建设；南部矿坑被有序整理成标准的格网，已开始实施绿化种植。

地震预测

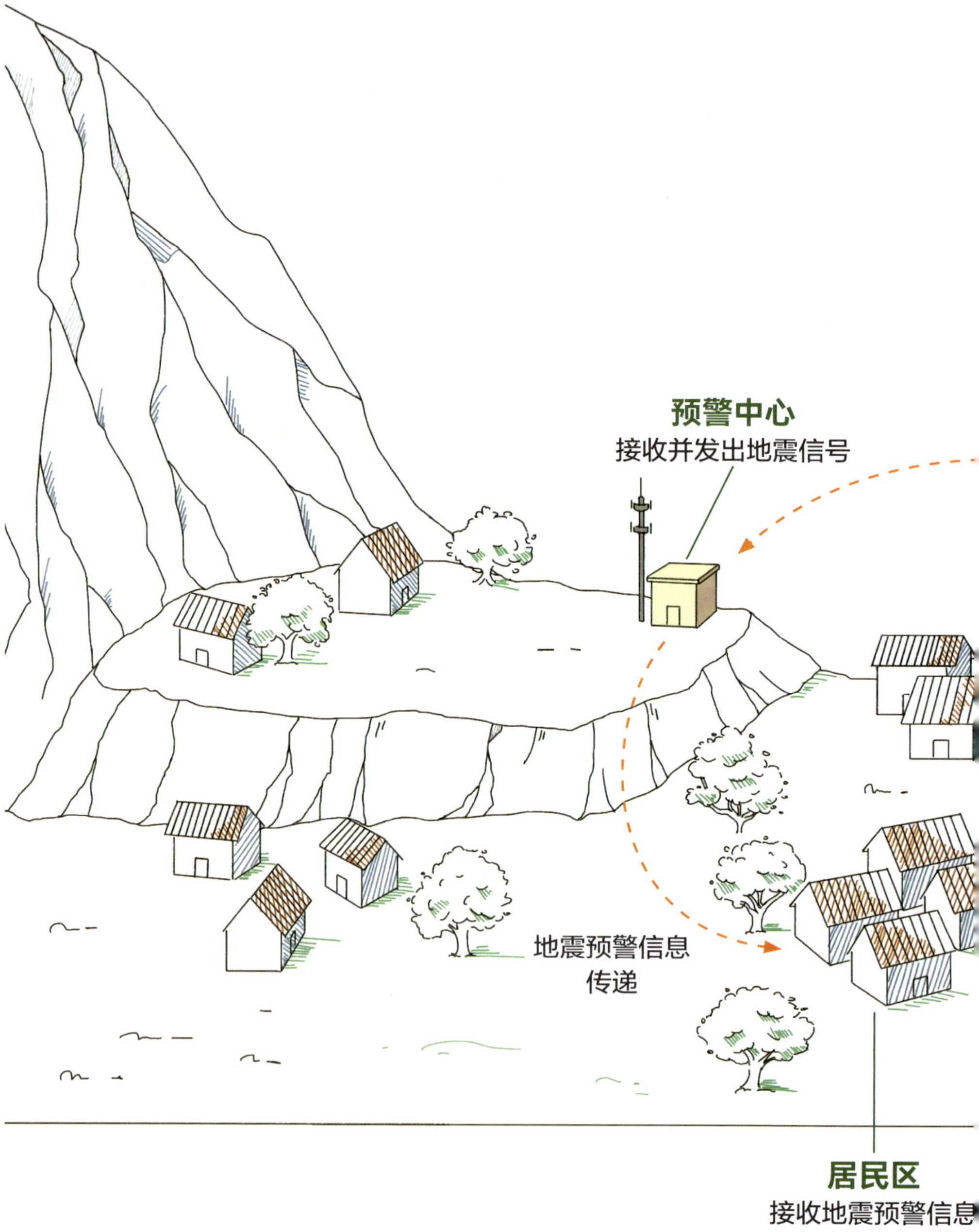

李四光晚年受周恩来总理的委托，指导中国的防震减灾事业。他提出“地震地质”的概念，开展地震构造应力场的研究，指导编写《邢台地震地质初步考察报告》等为地震地质研究工作总结经验、提供新的思路。邢台地震后，他准确预判地震走向，并成功预测河间地震。渤海地震后，他科学地提出地震后可能会引起周围地区地壳应力的调整，从而增加外围烈度异常区的地震危险性。他基于地质力学理论在全国部署了一批地应力监测站，其中许多监测站在随后的几年甚至几十年中，都成功监测到了破坏性地震。

在生命的最后两个月，尽管缠绵于病榻，李四光仍然坚持听取地震形势的汇报。他坚信中国在地震预报领域能够迎头赶上并超越世界水平，鼓励年轻的科研人员坚持不懈，攻克这一世界性的难题。

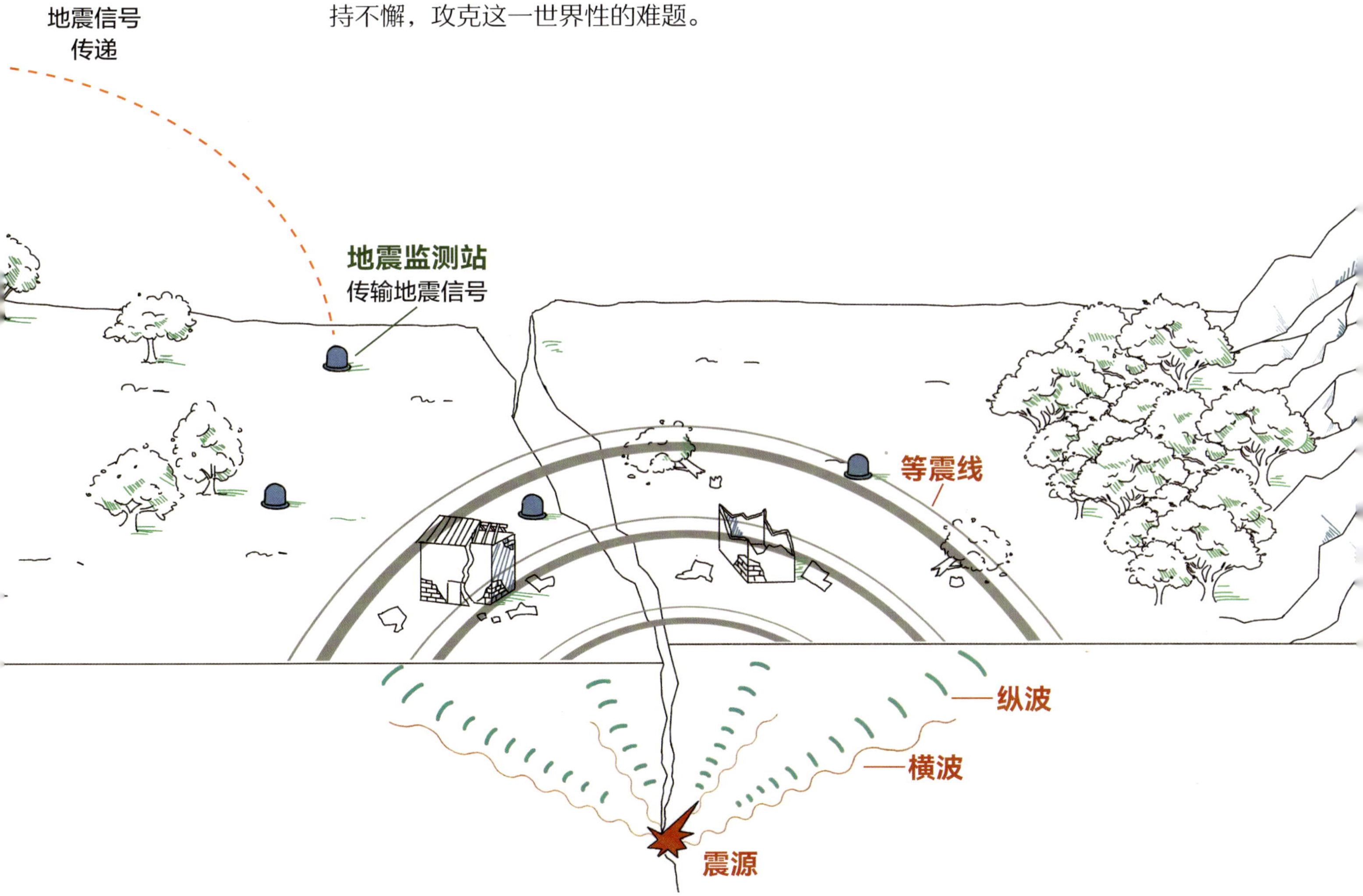

地应力监测台站

在1966年邢台地震后，李四光坚信构造地震源于地壳构造运动，地壳的运动和变化是地应力引起的，当地应力超过岩石的极限强度时，岩石就会破裂，进而引发地震。基于这一理论，李四光提出在地质构造关联区观测地应力增强过程是实现地震预测的关键。随后，他在河北尧山设立首个地应力监测台站，并陆续建设多个台站，包括唐山陡河水库站、汶川映秀站等（见右图），连续监测地应力变化，为地震研究和预测提供重要数据。这些台站的监测区域，在随后的几年甚至几十年里陆续发生了地震。可见，李四光在地震地质领域的战略性预见。

如今，我国已建立上百个地应力监测台站，构成庞大的地震监测网络，可以实时提供地应力数据，在地震分析和预报、矿山地质灾害预防、工程建设安全等方面发挥关键作用。

▲测量地应力的元件与其摆放的岩芯

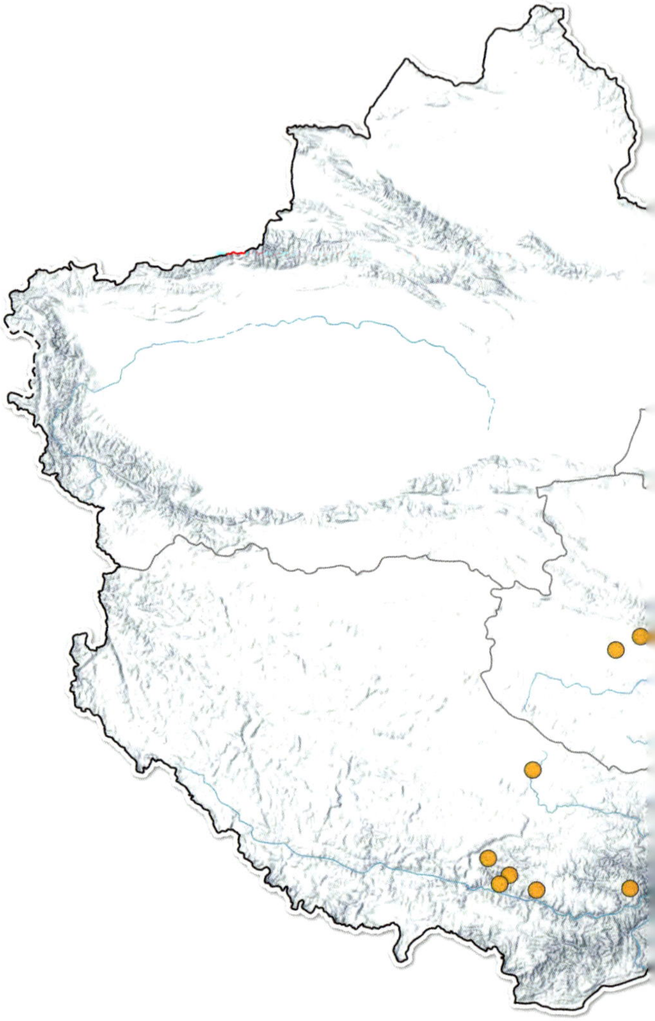

▲我国地应力监测台站分布示意

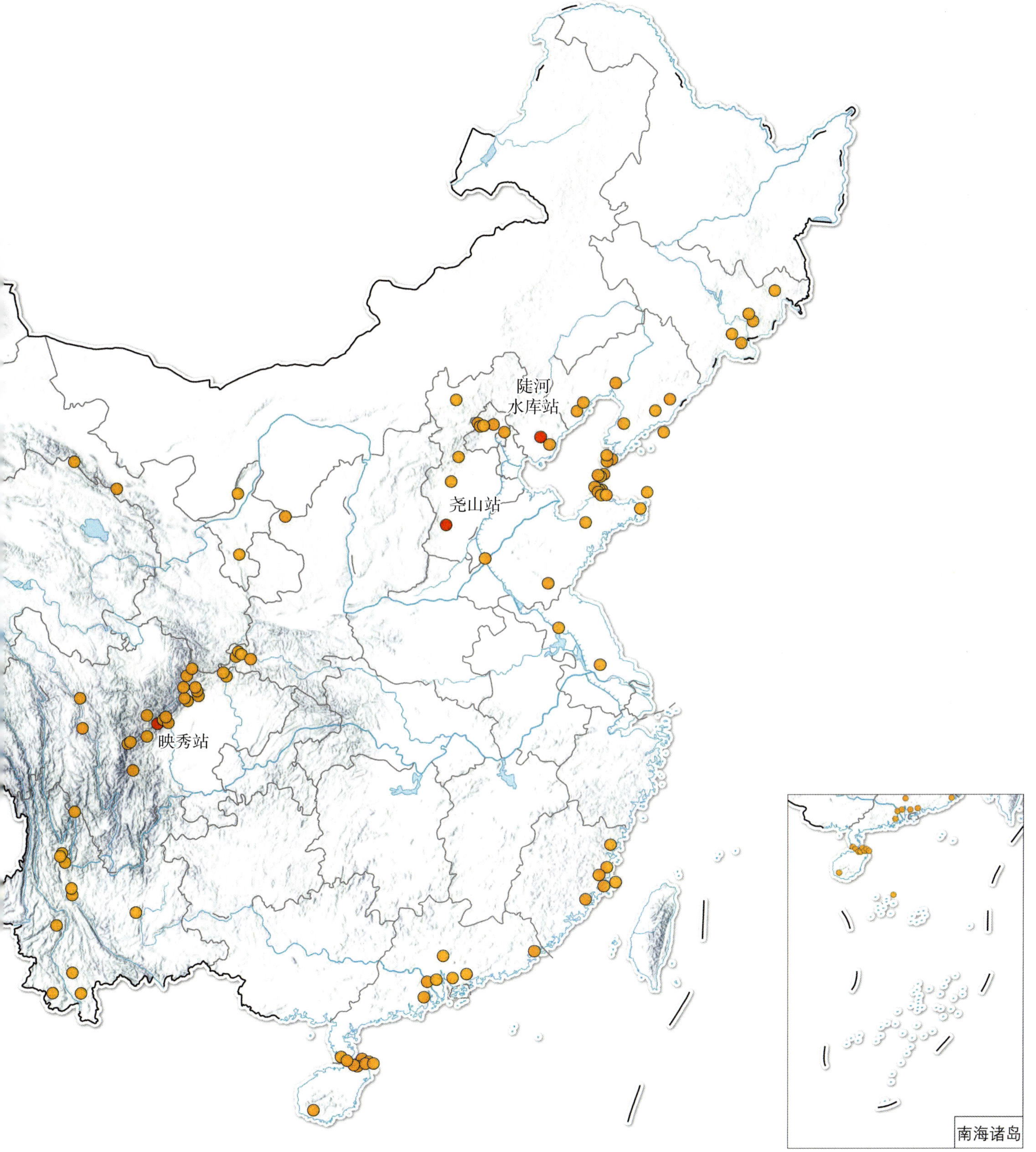
陡河
水库站
尧山站
映秀站
南海诸岛

河间地震的科学预判

在 1966 年邢台地震后，李四光经过详尽的实地调研与分析，向周恩来总理提出重要观点：邢台地震对北京地区影响有限，但在沧东断裂带，特别是深县、河间、沧县一带存在地震风险。

令人惊讶的是，次年，河间地区真的发生了 6.3 级地震。这次预测不仅是李四光做出的明确判断，而且成功消除了中央对北京地区安全的顾虑。周总理更是赞誉此次预测为“给中央打了招呼获得成功的范例”。

李四光这次的成功预测有效反驳了当时国际上流行的“地震不可知论”，极大地提振了中国地震科学工作者的信心，为中国地震事业注入了新的活力。

▶1970 年，李四光为研究北京周边地震地质条件在延庆县（今延庆区）山区考察地质构造、观察岩层走向

地震预报：未来可期

几十年前，李四光应用地质力学对河间、海城等地的地震做出了科学预判，但是要准确预报出地震发生的时间、地点、震级等仍需科学家们进行深入研究。

近年来，我国在地震方面做了很多工作：截至 2023 年，全国已建成 1178 个测震台站。其中，国家级台站有 166 个，可全天候收集和解析地震信息；我国发射的张衡一号卫星、澳门科学一号卫星可持续监测电磁场变化信息，捕捉地震短临异常；以周恩来、李四光和翁文波为名的“恩光波”志愿者团队，秉承前辈遗志，积极投身于地震预报的探索中。

尽管目前地震预报仍是世界难题，还无法做到准确预报，但随着科技的不断进步和对地球研究的日益加深，我们有理由相信：在未来，地震预报研究将为人类社会构筑起坚不可摧的科学防线，极大地增强我们预防并应对自然灾害的能力。

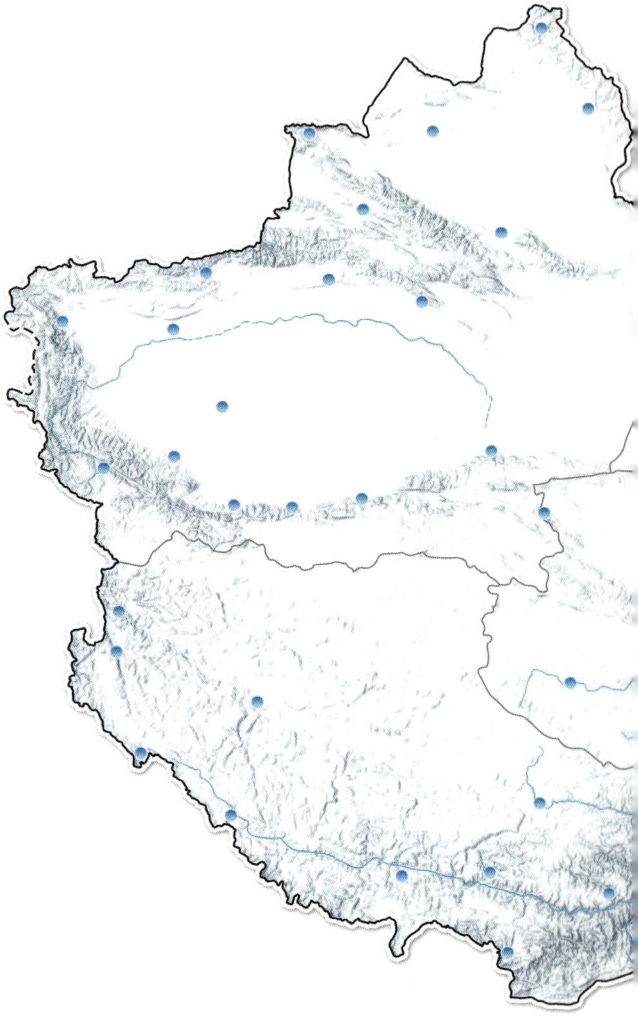

▲我国国家级测震台站分布示意

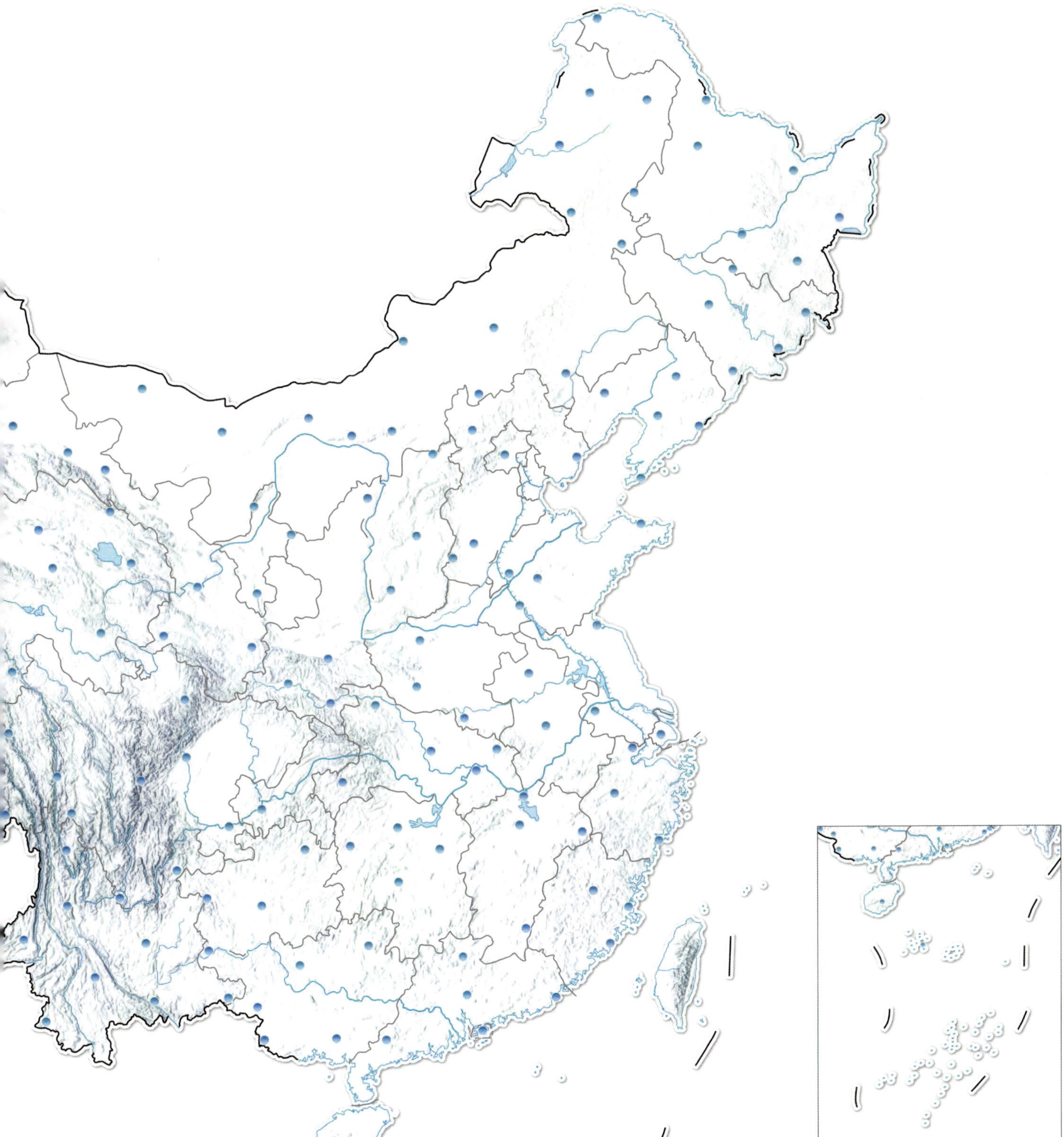
南海诸岛

尾声

李四光曾说："我是炎黄的子孙，理所当然地要把所学到的知识，全部献给我亲爱的祖国。"在国家需要的时候，他运用毕生所学，为我国的油田开发、矿产勘查、地震预测做出了不可磨灭的重要贡献。

现如今，随着地学知识的不断创新、应用装备的更新换代、遥感等新兴技术的有力推动，油气井钻进深度不断突破纪录，矿产资源开采一线捷报连连，地震预测能力迈上新台阶。

在李四光等老一辈科学家的精神鼓舞下，一代代科技工作者以国家富强、民族复兴为己任，不懈努力，持续奋斗。他们确保了能源资源的稳定供给，百姓生活安居乐业，从而顺利实现了全面建成小康社会的奋斗目标。我们相信，在向第二个百年奋斗目标迈进的新征程上，中国人民必将取得更加辉煌的成就。

开拓篇

04

开拓篇以新型能源利用作为切入点，带领读者体会李四光洞察未来的战略思维、感受科技创新取得的辉煌成绩。

1920 年，李四光在《现代繁华与炭》的演讲中，**率先提出**探索替代能源的必要性。

1956 年，在世界科协成立十周年纪念会上**再次疾呼**："子孙会责备我们的科学家，为什么眼看着像煤这样贵重的物质被随便当作燃料烧掉而默不作声。"

如今，一代代后来者踵武前贤，**继承发展**他的未竟之业，在新型能源及其综合利用方面不断创新发展。这不仅是对李四光战略眼光的崇高致敬，更是对人类社会可持续发展的不懈追求。

开拓篇主要介绍——

- 各类新型能源的典型应用
- 新型能源的综合应用

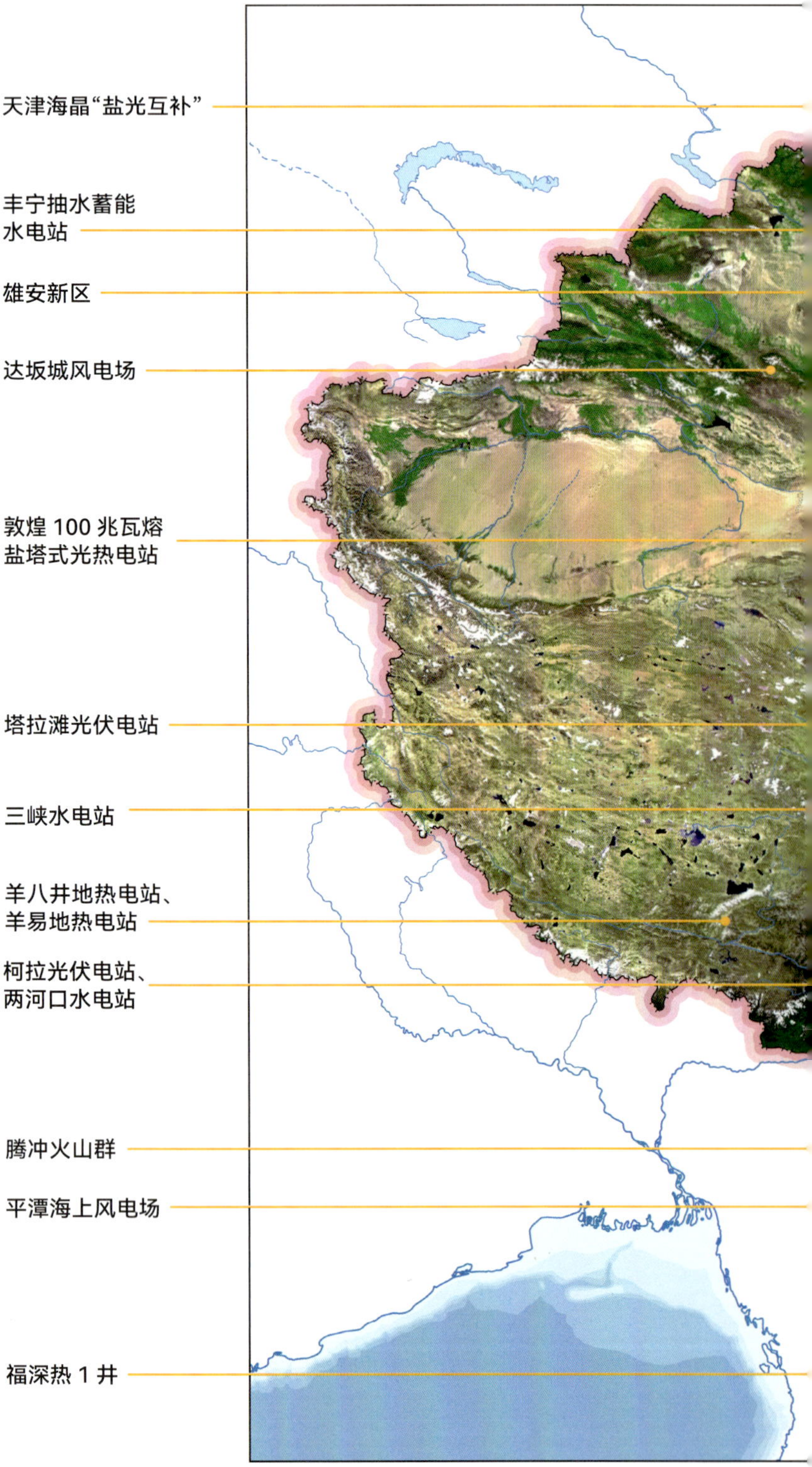

▶ 开拓篇介绍地点地理位置示意

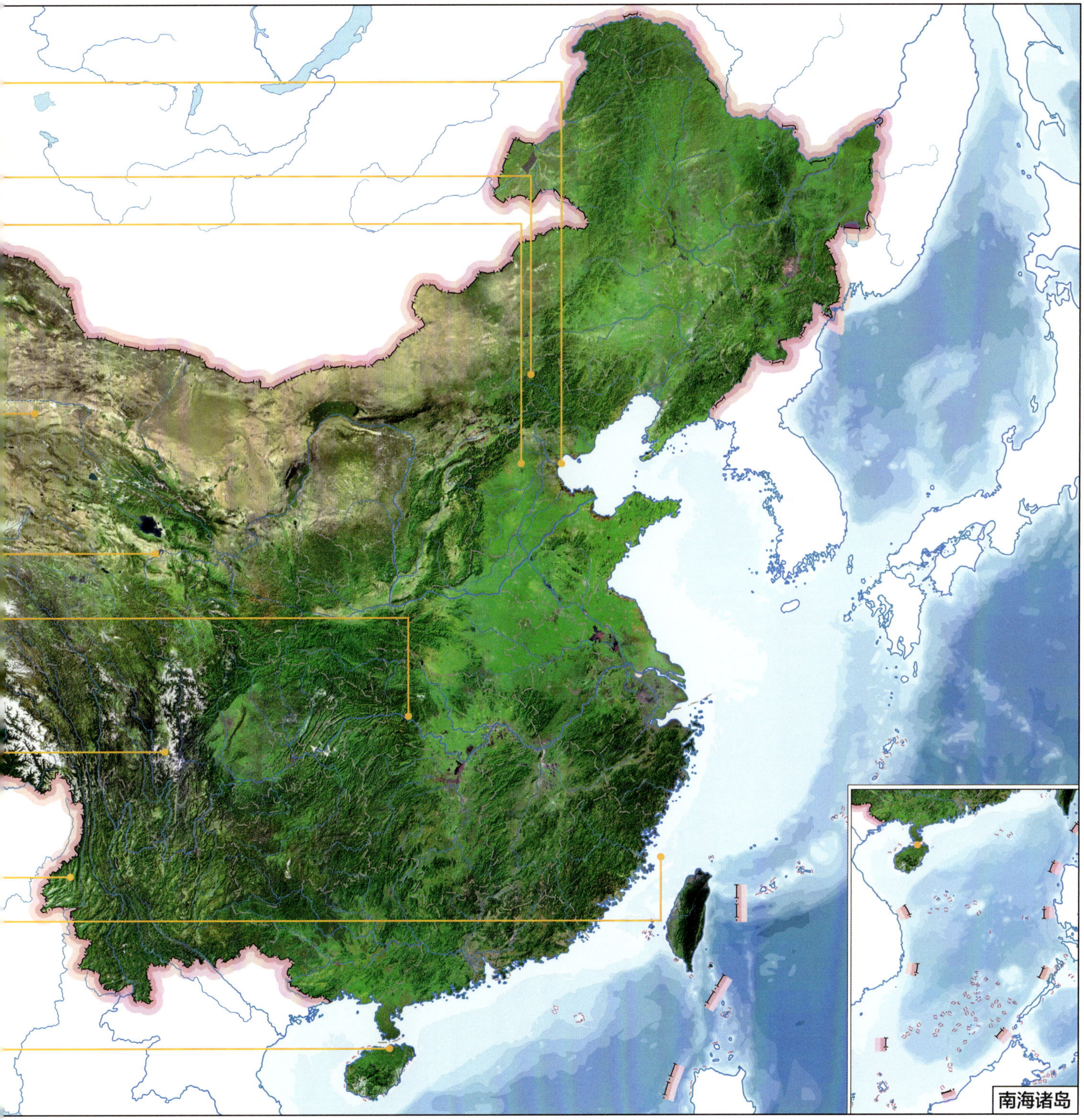
南海诸岛

新型能源

李四光在新型能源的开发与利用上展现出卓越的前瞻性并做出了突出贡献。早在 20 世纪初，他就创新性地提出了潮汐力、原子能、太阳能、水力、风力以及地热等可作为替代能源的观点，并致力于推动这些新型能源的研究和应用。

在当今社会，李四光的远见卓识得到了充分的验证和体现。风力发电、光伏发电、地热发电等新型能源应用已经逐渐成为资源利用的首选，不仅为国家的可持续发展注入了新的活力，也为全球能源结构的转型提供了有力的支持。

地热能

地热能源是李四光尤为重视的领域，他坚信地热作为一种清洁、可再生的能源，具备巨大的开发潜力和价值。在他的遗物中发现了一张小纸条：“在我们这样一个伟大的社会主义国家里，我们中国人民有志气、有力量，克服一切科学技术的困难，去打开这个无比庞大的热库，让它们为人民所利用。”

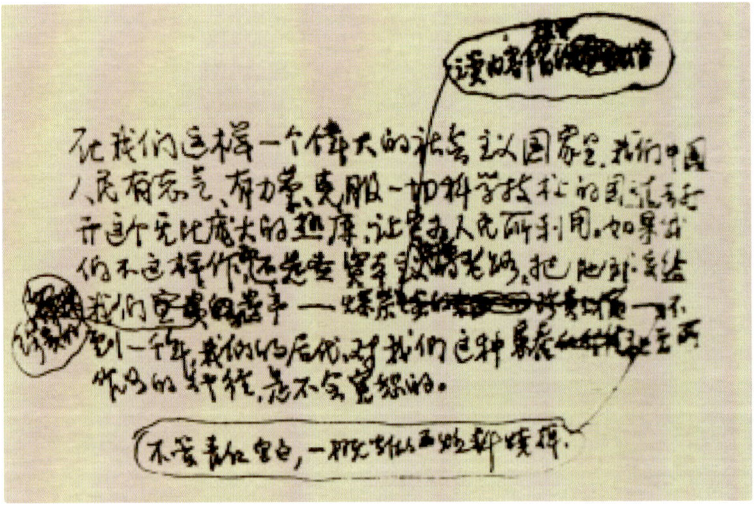

▲李四光关于地下热能开发与利用的手迹

“地下是一个大热库”，越往地下深处去，温度就越高。根据测算，地核的温度约为 6000 摄氏度，地壳底层的温度为 900~1000 摄氏度，地球表面恒温层（距地面约 15 米）以下约 15 千米的范围内，每深入 100 米，平均温度就增加约三摄氏度。地温增长速率因地而异，形成正常地温区和地热异常区。地热异常区多出现在地壳板块边缘、深大断裂和火山带，是地热资源研究开发的重点区域。

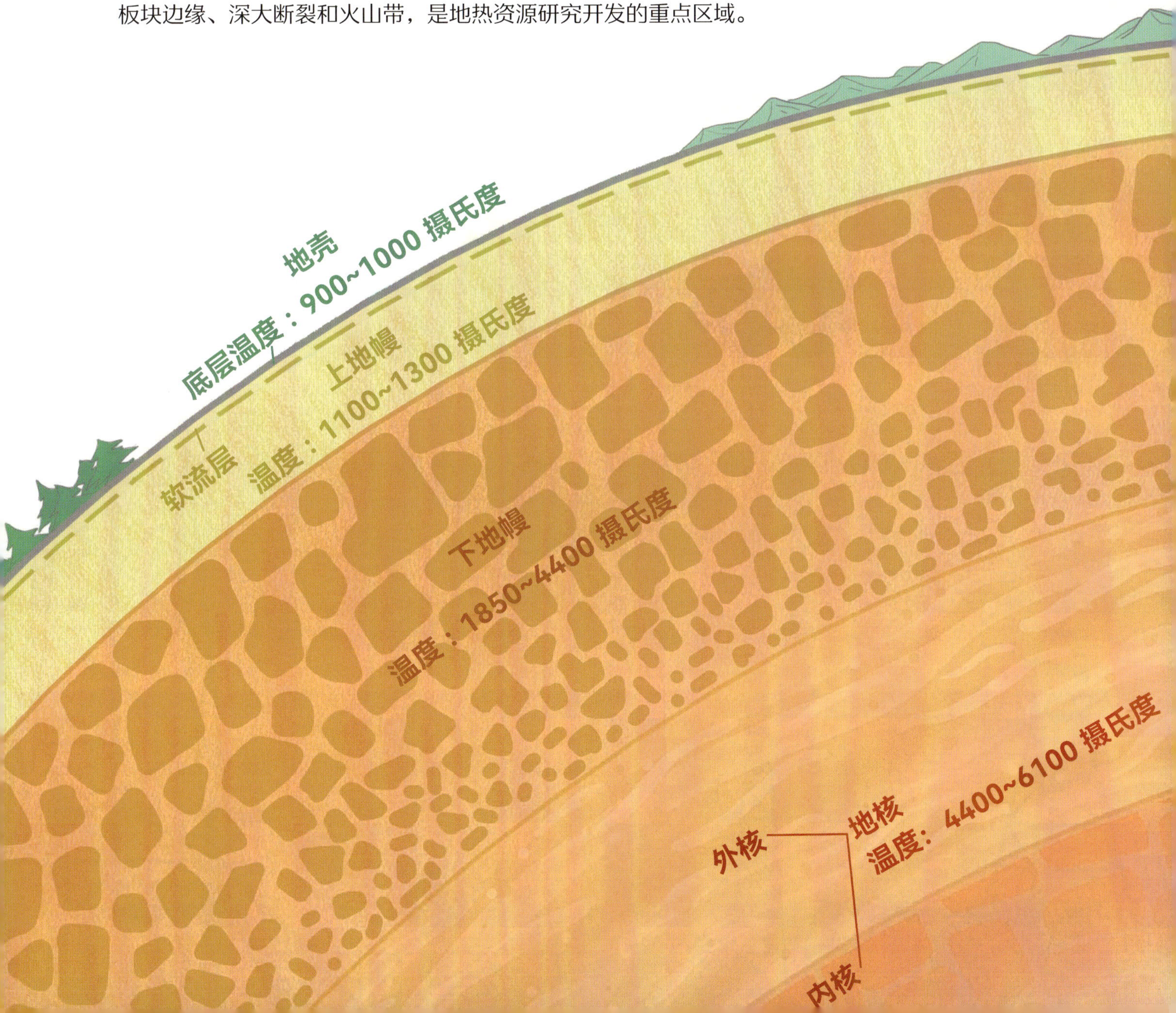

知识页

新型能源地热能

地热宝库

地热能储量相当于煤炭储量的数万倍。我国地热资源尤其丰富，约占全球总量的六分之一。调查结果显示，我国水热型地热资源总储量折合标准煤约为 1.25 万亿吨，其中每年可开采量折合标准煤达 18.65 亿吨，相当于一年全国能源消费总量的三分之一；已知的干热岩地热资源总储量折合标准煤高达 856 万亿吨，虽然目前暂不具备大规模开采的条件，但作为未来战略资源的潜力巨大。

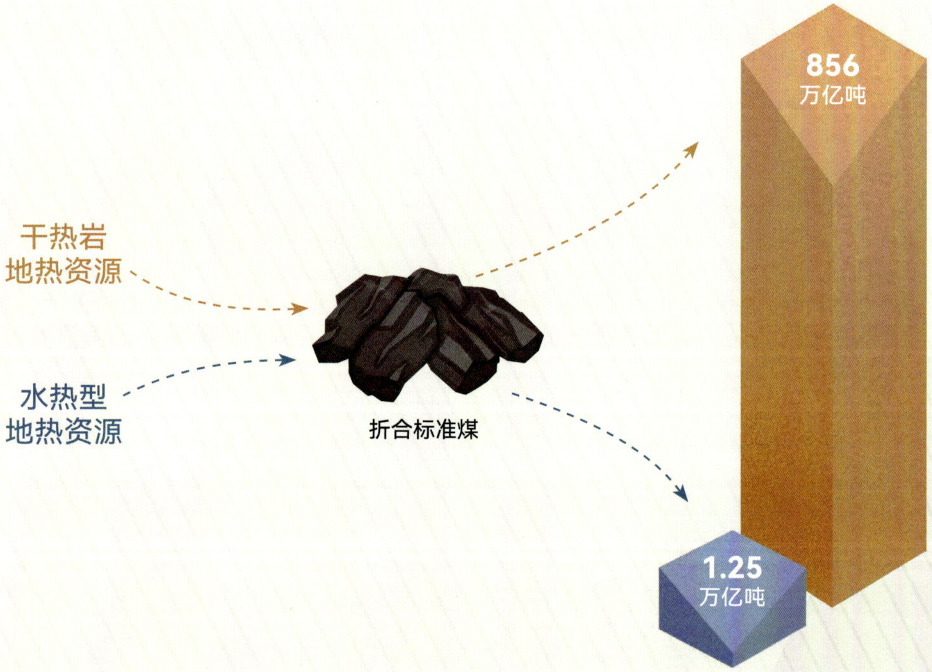

中国地热钻探新深度

2024 年 4 月，海南省海口市迎来了一项地热钻探的重大突破——福深热 1 井成功钻探至 5200 米，这一深度刷新了我国地热科学探井的最深纪录。

此举不仅展示了我国在深层地热勘探领域的先进技术，也为我们了解华南地区深层地热资源的形成与富集机理提供了宝贵的科学资料。

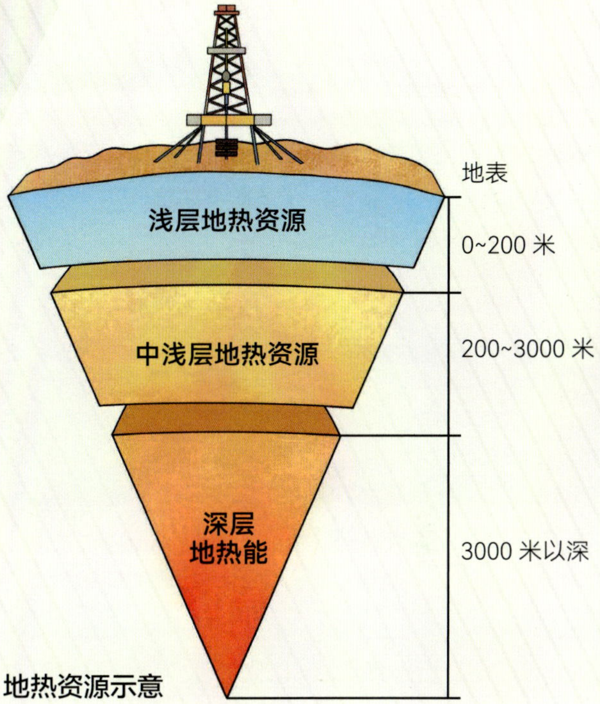

▶ 地热资源示意

不同深度的地热资源

浅层地热资源：从地面钻井至地下 200 米，温度低于 25 摄氏度。

中深层地热资源：从 200 米继续往下至 3000 米，温度往往可达到 70~90 摄氏度。

高温层地热资源：地下 3000 米以深，存在高温岩体，温度超过 180 摄氏度，甚至 200 摄氏度以上，但是它里面没有流体，或仅含少量的水，这种高温岩体叫作干热岩。

羊八井地热电站
羊易地热电站

世界屋脊上的地热电站

世界屋脊上的羊八井地热电站，环抱在青藏高原白雪皑皑的群山之中，开发于 20 世纪 70 年代，是世界首座利用地热浅层热储进行工业性发电的电站，发电量曾占拉萨电网的近一半。羊八井地热电站曾是世界上海拔最高的地热发电站，但在 2018 年，这一头衔被距离它约 60 千米的羊易地热电站取代。

▲羊八井地热电站、羊易地热电站地理位置示意
（GF-1，2023 年 12 月）

在羊八井地热电站，还有我国大陆上开发的第一个湿蒸汽田。当热水的温度超过当地水的沸点时，通过钻孔引到地表的热水会部分转化为蒸汽，形成湿蒸汽，因此得名“湿蒸汽田”。

羊易地热电站创新性地采用了“取热不取水”的技术，实现了发电尾水的 100% 回灌循环再利用。根据测算，这座地热电站每年实现减排二氧化碳 42 万吨、氮氧化合物 6200 吨、二氧化硫 1.2 万吨，节省标准煤 11.6 万吨。

▲羊八井地热电站遥感影像

（BJ-3，2023 年 10 月）

▼羊易地热电站遥感影像

（BJ-3，2024 年 4 月）

火山带来的热量

腾冲，位于欧亚板块与印度板块的交汇处。这里有众多近乎南北走向的地裂缝，岩浆不断从裂缝中迸发，孕育了壮观的火山群，地热资源丰富。

在这里，人们已经发现了 64 个地热活动区，温泉更是有 80 余处，这些温泉的水温甚至超过了 90 摄氏度！通过遥感卫星，可以看到腾冲火山群一个个圆形的火山口，它们就像是大地的呼吸孔，不断释放着地球内部的热量。

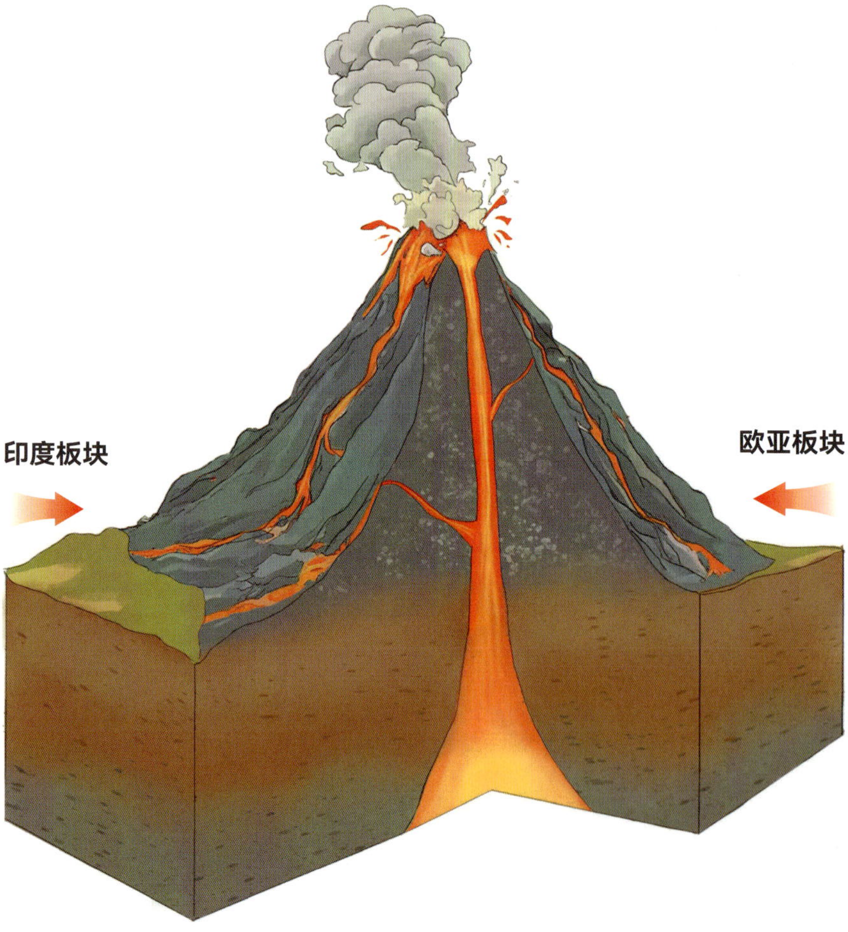

▲腾冲火山示意

▶腾冲火山群遥感影像

（ZY3-02，2022 年 12 月）

小空山
大空山
黑空山
城子楼
焦山

水能

除了地热能源，李四光还在地质工作的第一个五年计划中，前瞻性地部署了水力资源勘察和综合流域开发的工作。

中国地域辽阔，地形起伏，众多大江大河奔涌向前，在崇山峻岭间，孕育了极为丰富的水能资源。据估算，我国水力资源蕴藏量高达 6.8 亿千瓦，居全球首位。

2023 年，中国水电发电量达到 1.28 万亿千瓦时，水电装机容量达 4.2 亿千瓦，约占全球水电总装机容量的三成，彰显了我国水力发电的世界领先地位。

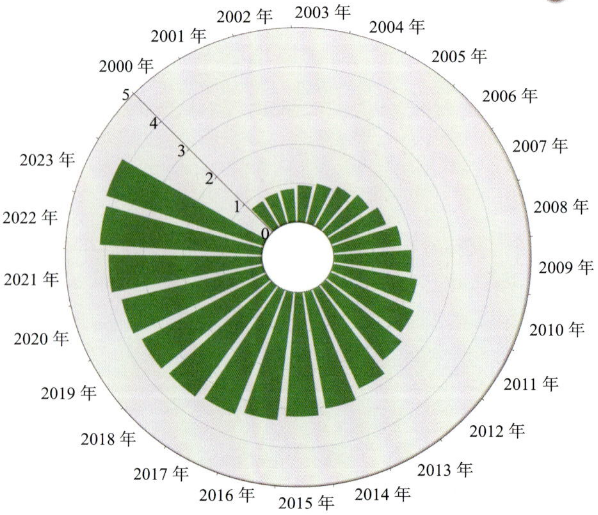

▶ **中国水电装机容量年际变化**
（单位：亿千瓦）

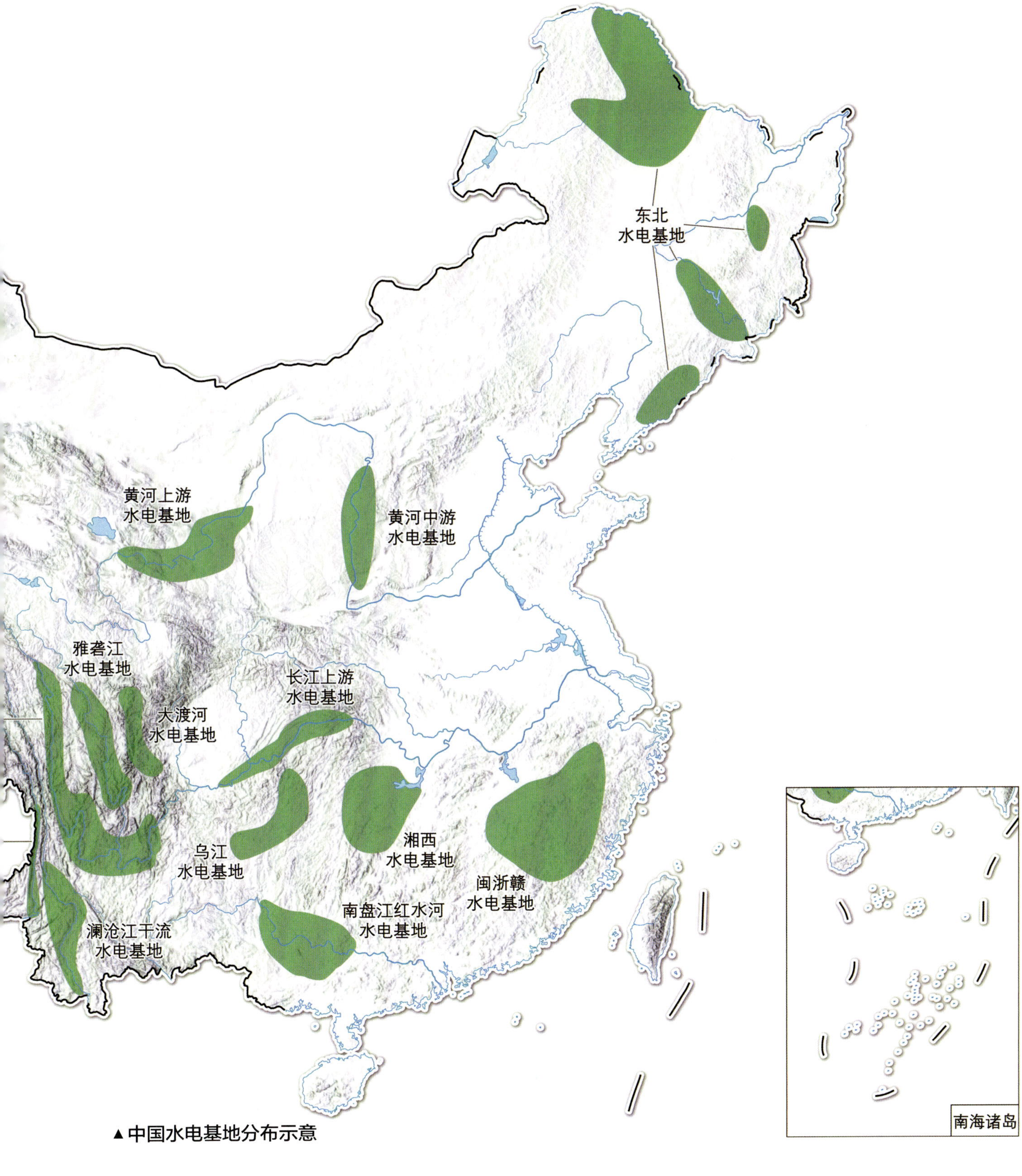
东北
水电基地
黄河上游
水电基地
黄河中游
水电基地
雅砻江
水电基地
长江上游
水电基地
大渡河
水电基地
乌江
水电基地
湘西
水电基地
闽浙赣
水电基地
南盘江红水河
水电基地
澜沧江干流
水电基地
南海诸岛

▲中国水电基地分布示意

水电站中的“全能王”

中国三峡工程的盛名早已享誉世界。它不仅是中国历史上最大型的工程项目之一，还是世界上规模最大的水电站。它拥有惊人的总装机容量——2250 万千瓦，稳坐全球水电站的冠军宝座。

三峡不仅能发电，还有许多“超能力”：拦蓄洪水，防止水灾；改善通航条件，直接降低通航成本；淡水资源储备丰富，缓解中下游用水紧张局面；通过“人造洪峰”等生态调度，保护中下游的生态平衡等。

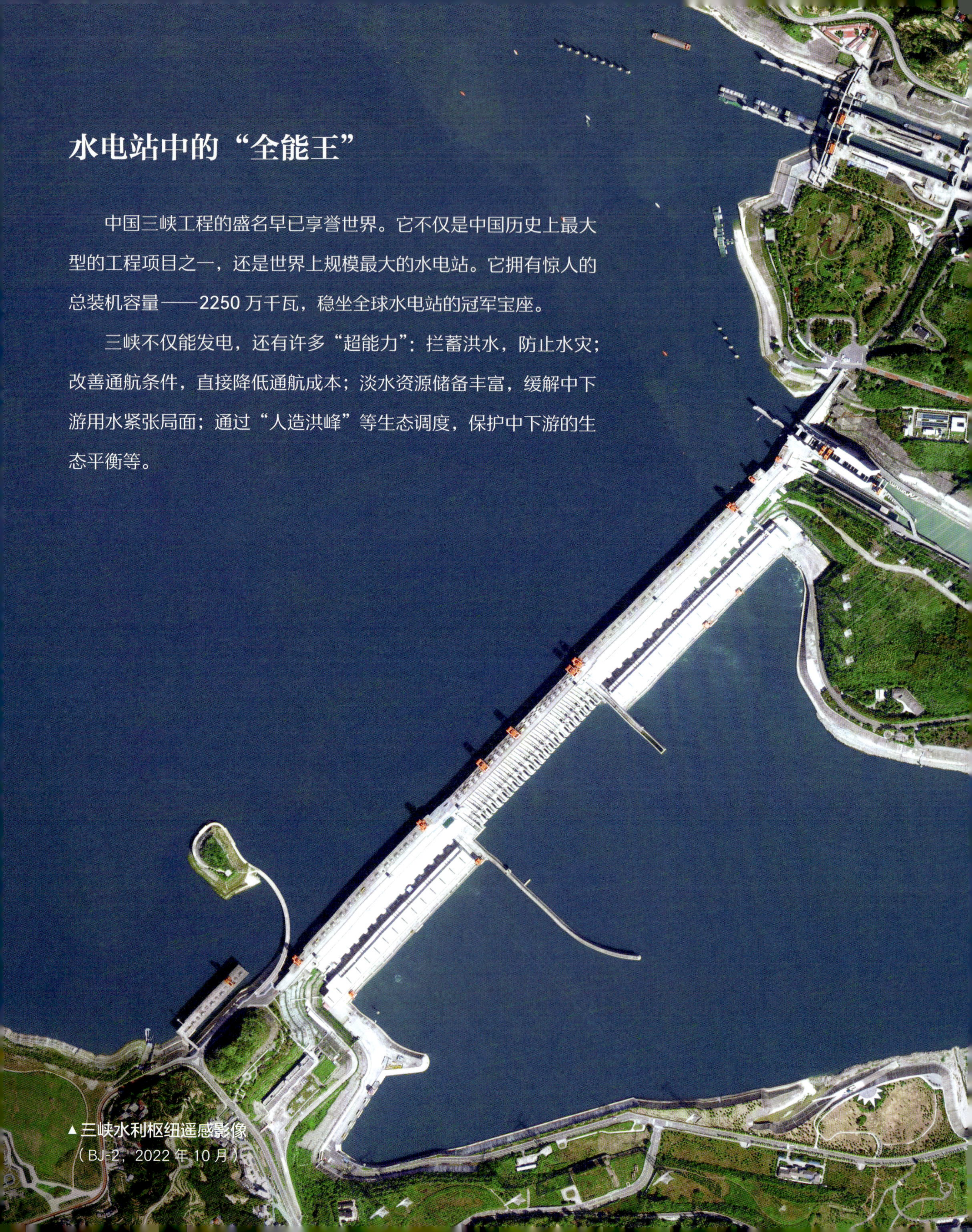

▲三峡水利枢纽遥感影像
（BJ-2，2022 年 10 月）

▲丰宁抽水蓄能电站立体视角遥感影像
（GF-1D，2023 年 9 月）

建在山上的“巨型充电宝”

在距离北京 180 千米的河北丰宁，有一座建在山上的“巨型充电宝”，这就是丰宁抽水蓄能电站。它有两个水库，一个在上，一个在下，两者之间的落差高达 425 米。

它是世界上装机容量最大的抽水蓄能电站，其装机容量达到了 3600 兆瓦，一次蓄满可以储存近 4000 万千瓦时的新能源电量，就像一座超级大的“充电宝”。

在 2022 年的北京冬奥会期间，丰宁抽水蓄能电站配合张北柔性直流电网，把清洁电能输送到各个冬奥场馆，实现了 100% 的绿电供应。

▲丰宁抽水蓄能电站高度落差示意

小知识

抽水蓄能电站

如果把常规水电站比作“发电机”，抽水蓄能水电站则像“充电宝”，它们的运作方式不同。常规水电站利用水流的力量驱动涡轮机发电。抽水蓄能电站在电力需求低谷期，利用电能将下水库的水抽到上水库，储存为水的重力势能；在电力需求高峰期，通过放水发电，将储存的势能转化为电能。这样，“充电宝”就能自如地收放电力了。

风能

风能，这一由地球表面空气流动产生的宝贵资源，是人类获取清洁、可再生能源的重要方式之一。风力发电机（以下称为风车）利用风的吹拂转动叶片，收集风能并将其转化为电能，即使是每秒仅三米的微风也能运转。

风车多建于风力资源丰富且地势开阔的地区，如戈壁、草原、高山山脊及沿海地区。遥感卫星监测结果显示：超过九成的风车都选择在年均风速三级以上的地区“安家”。

近年来，我国风力发电行业蓬勃发展。据遥感卫星监测结果，截至 2023 年，我国风车有近 18 万台，年均增长率超 10%，特别是在 2021 年，增长率竟达到了 18%；海上风电领域更是突飞猛进，实现了翻倍增长。

放眼全球，中国 2023 年可再生能源装机容量较 2022 年增长 50%，中国以卓越的成就与持续的努力，被国际能源署评价为“全球可再生能源领域的领跑者”。

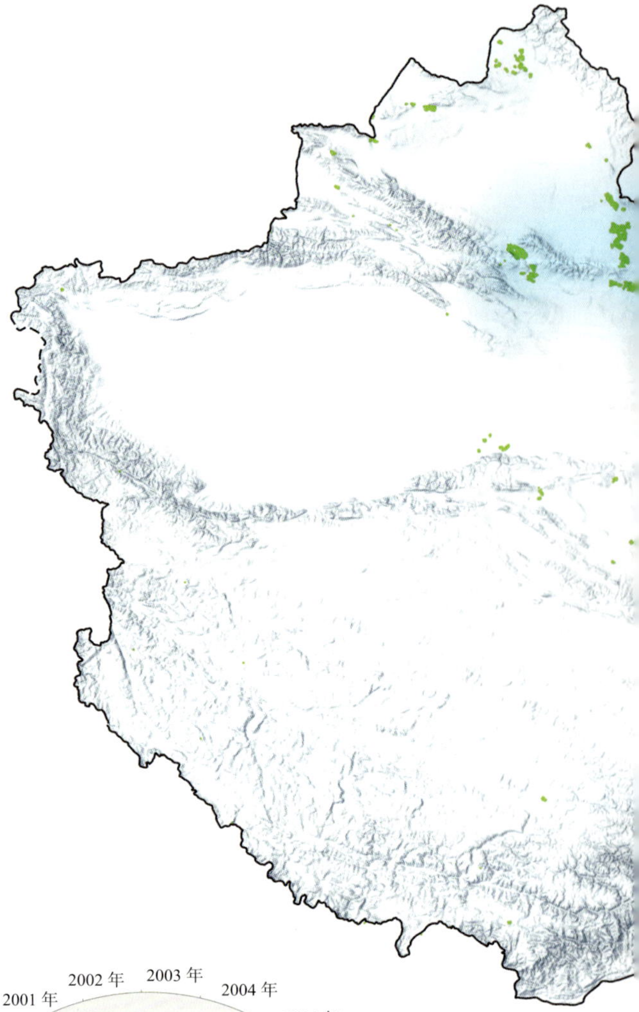

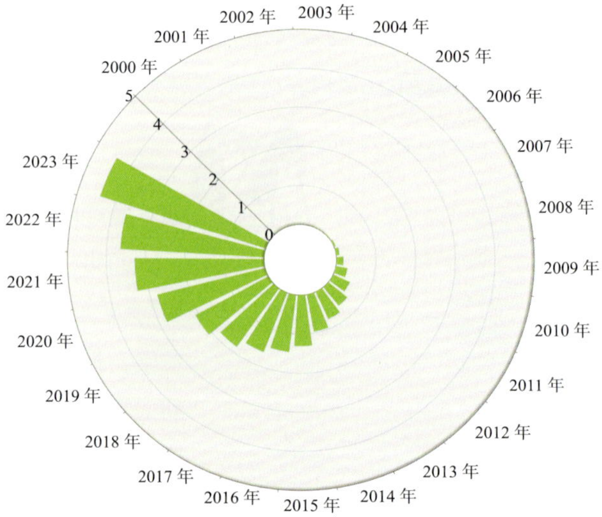

▶ **中国风电装机容量年际变化**
（单位：亿千瓦）

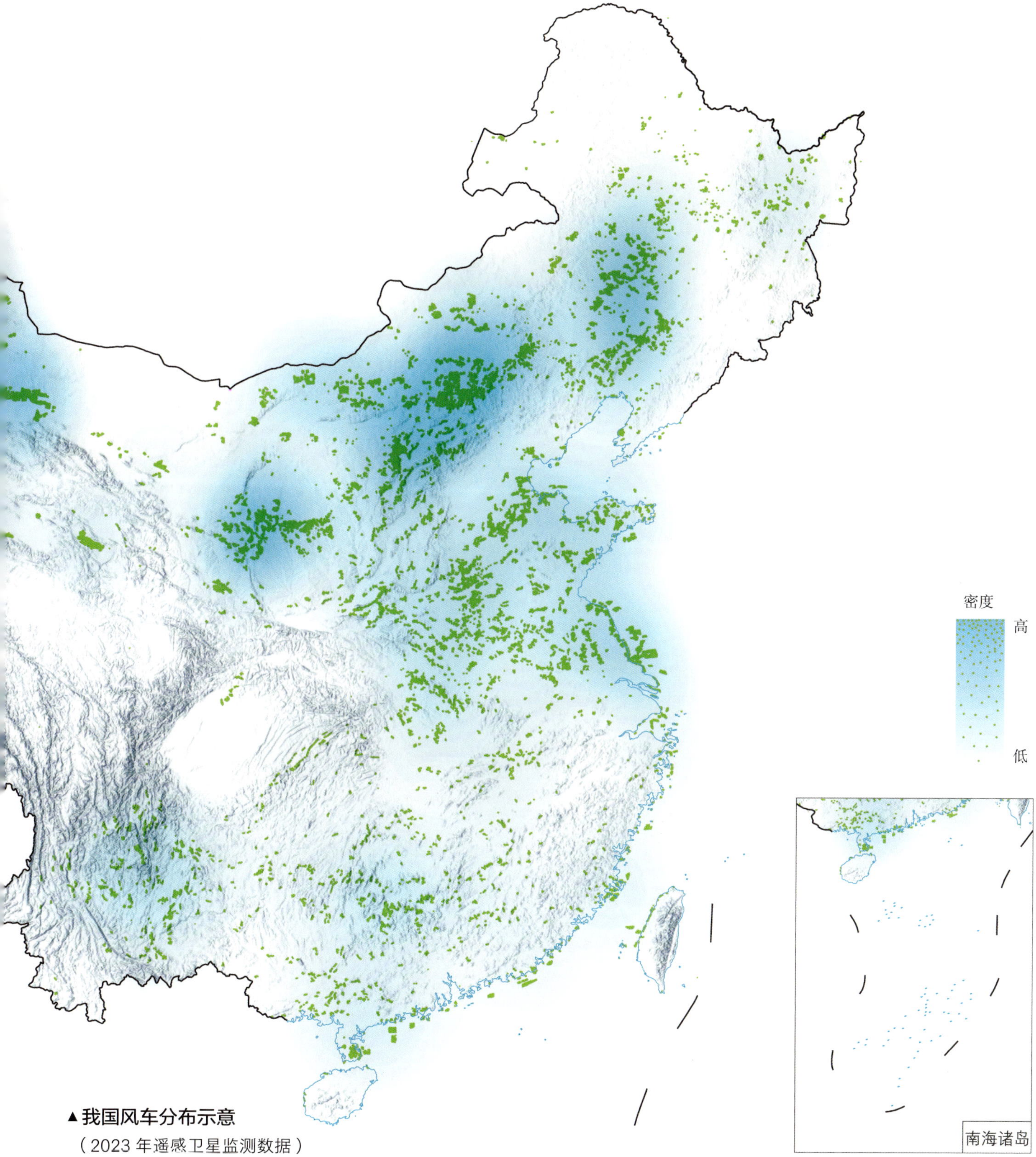

▲我国风车分布示意
（2023 年遥感卫星监测数据）

戈壁滩上的“中国风谷”

说起新疆达坂城，这里不仅有清热解毒的雪菊和营养价值丰富的驼奶，还有一座名誉中外的风电场。达坂城是中国最早进行风电开发的地区之一，被誉为“中国风谷”。20 世纪 90 年代初，这里建成了亚洲最大的风电场。

▲达坂城风电场遥感影像示意

（底图：GF-1，2023 年 9 月；左下、右上：BJ-3，2023 年 9 月）

小知识

狭管效应

新疆达坂城风能资源丰富，年风能资源高达 250 亿千瓦时，这主要得益于特殊地形造成的“狭管效应”。当来自吐鲁番盆地和准噶尔盆地的季风经过天山山脉时，受到峡谷两侧高耸山脉的制约，使得由原本开阔地带流入的空气无法在狭窄的区域内大量堆积，从而加速通过，风速增大，形成显著的“狭管效应”。加之达坂城所在的戈壁滩缺乏植被等风力屏障，进一步促进了风能的积聚和释放。

▲达坂城风电场狭管效应
（GF-1，2023 年 9 月）

▲平潭海上风电场遥感影像
（GF-1，2024 年 2 月）

矗立在海中的超大号风车

福建沿海风力资源丰富，特别是南日岛、平潭岛等海岛。平潭海上风电场离岸约为 35 千米，水深约为 40 米，拥有全球已投产单机容量最大、叶轮直径最大的 16 兆瓦海上风电机组。其叶轮直径为 252 米，扫风面积约为五万平方米，相当于七个标准足球场的面积。

太阳能

近年来，太阳能发电产业呈爆发式增长。2023年，在全球可再生能源新增装机容量中，太阳能占比高达75%。截至2023年年底，我国太阳能发电装机容量约为6.1亿千瓦，同比激增55.2%，光伏面板的铺设面积已接近5000平方千米。从高空俯瞰，光伏面板宛如一片蓝色的海洋在广袤的大地上铺设开来，成为我国绿色转型道路上一道亮丽的风景线。中国太阳能发电的崛起不仅推动了国内能源结构的清洁转型，也为全球可再生能源发展注入了强劲的中国动力。

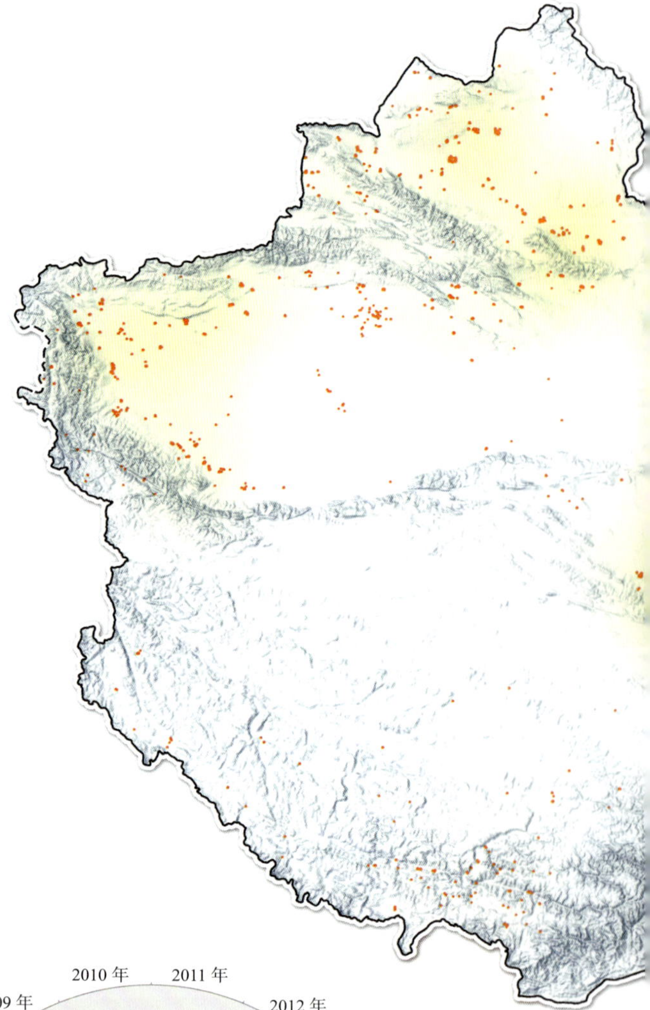

小知识

太阳能发电的方式

太阳能发电主要包括光伏发电和光热发电两种方式。光伏发电利用太阳能电池板（光伏板）捕捉阳光，将光能转换为电能；光热发电则通过镜面或特殊设备聚集阳光，加热物质至高温，进而将热能转化为电能。目前，光伏发电的应用更为普遍。

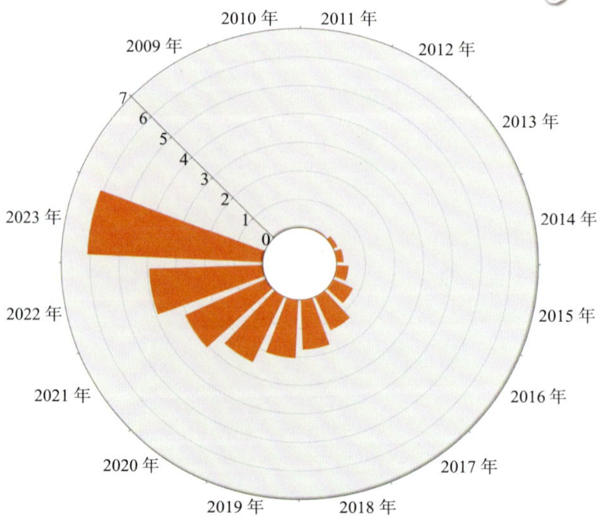

▶ **中国太阳能发电装机容量年际变化**
（单位：亿千瓦）

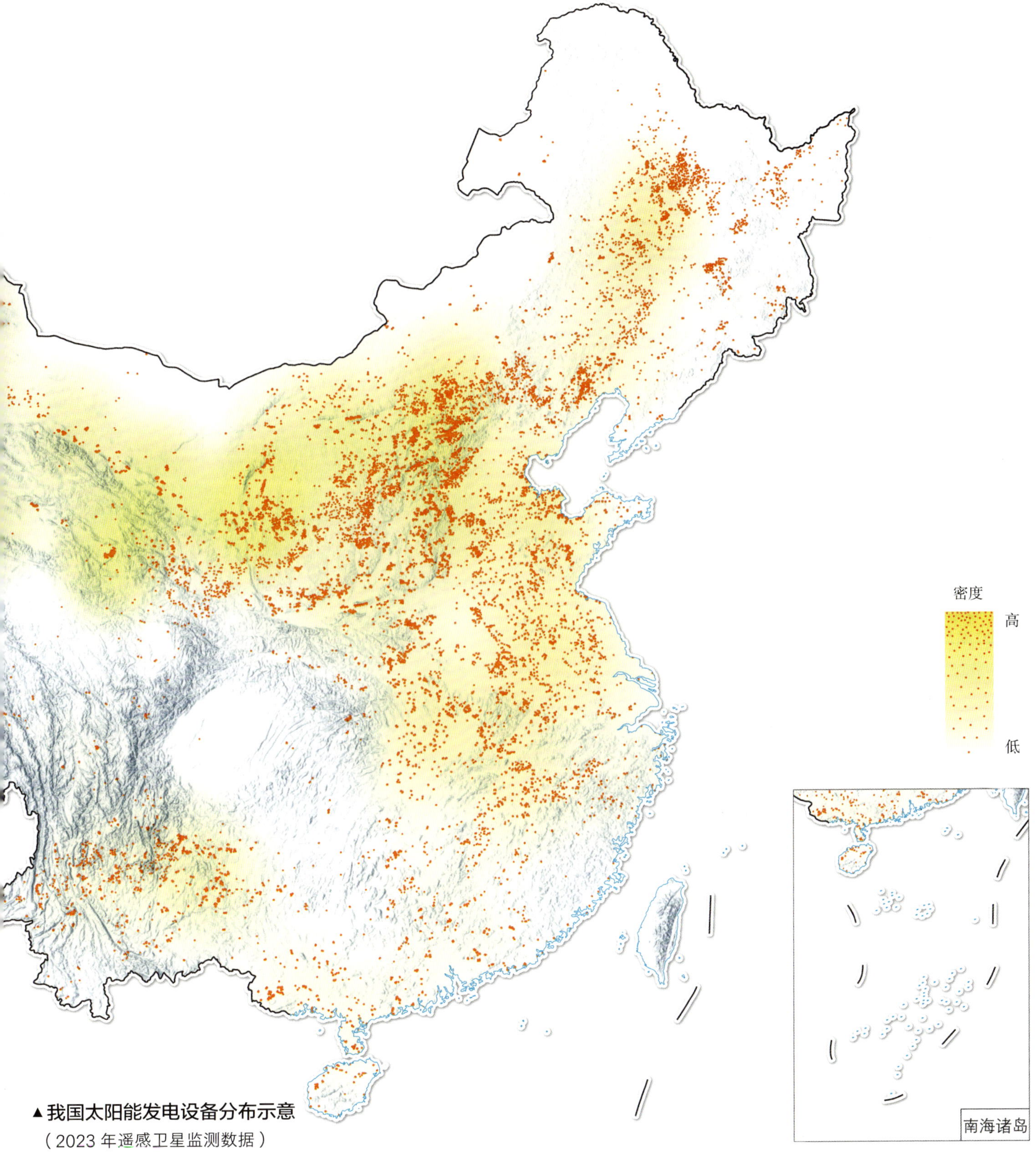

▲我国太阳能发电设备分布示意
（2023 年遥感卫星监测数据）

大地盛开的“巨型向日葵”

在甘肃敦煌茫茫戈壁的深处，1.2 万面镜子环绕着一座 260 米高的塔呈圆形阵列，就像一朵巨大的向日葵，它就是亚洲装机容量最大的光热电站——敦煌 100 兆瓦熔盐塔式光热电站。

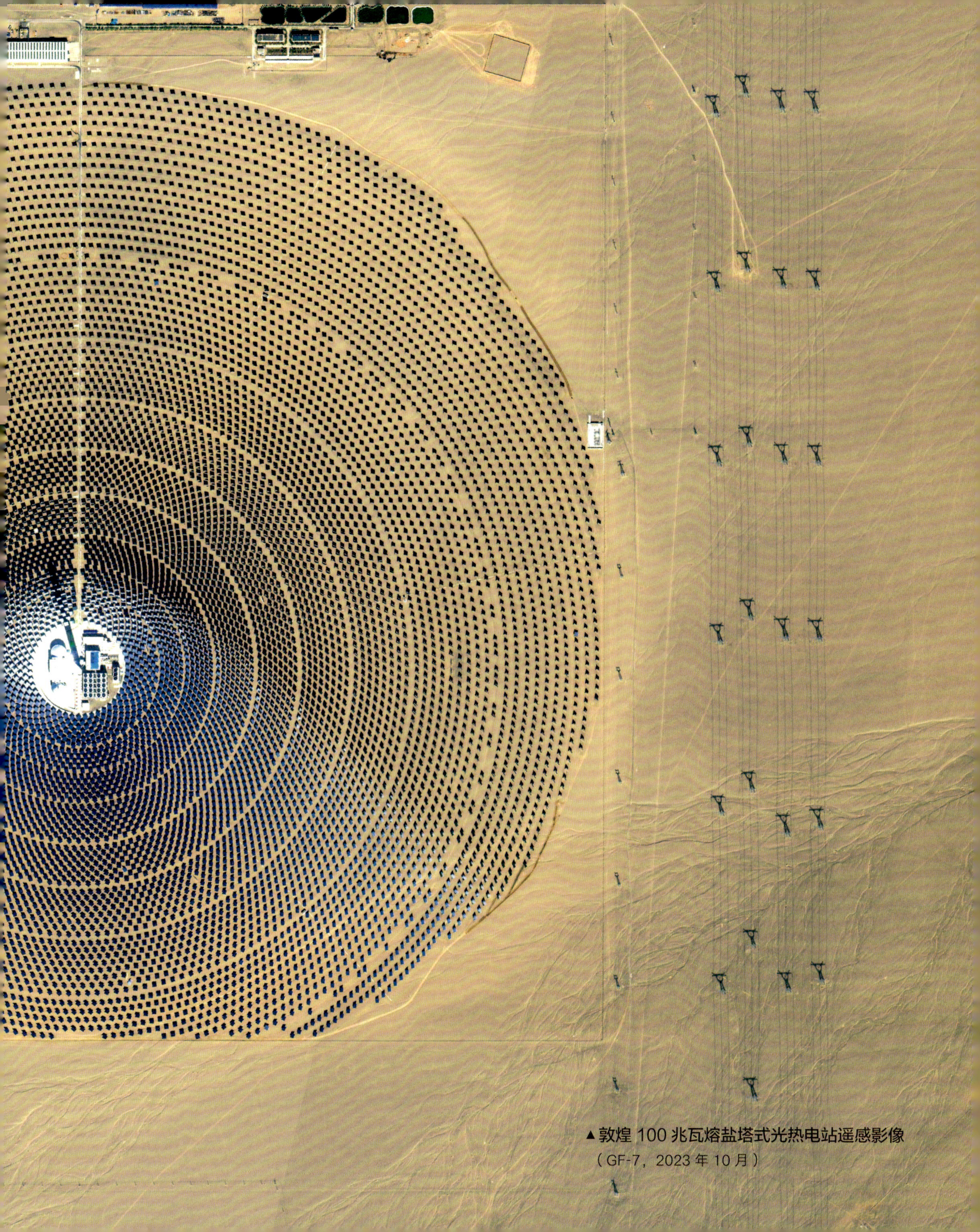

▲敦煌 100 兆瓦熔盐塔式光热电站遥感影像

（GF-7，2023 年 10 月）

光热电站的每一面镜子会面向太阳，以精准的角度追逐阳光，然后又整齐地将太阳能投射到中心的聚热塔。高塔内部的两万吨熔盐将热能以化学能的方式存储起来，当需要发电时，再转化为电能，输送至千家万户，点亮万家灯火。

小知识

热红外遥感

热红外遥感卫星就像大地的“温度计”，在太空中感知着地球的冷暖变化。在热红外遥感温度反演图中，不同的颜色代表不同的温度等级，图中红色区域是光热电站中心的聚热塔，其温度可达 500 摄氏度以上，犹如地表上的“小太阳”。

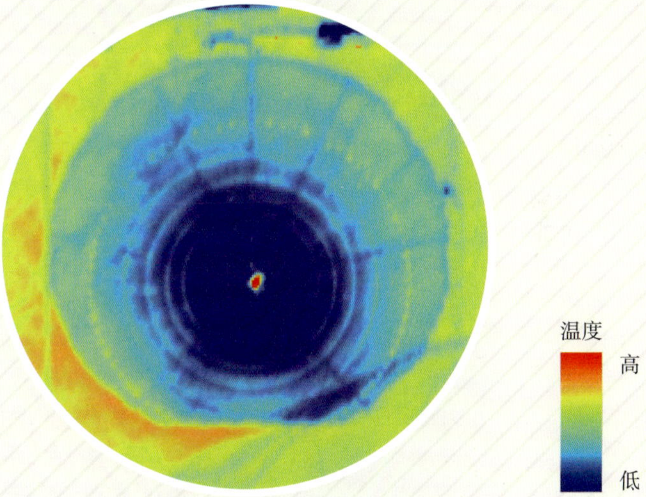

▲敦煌 100 兆瓦熔盐塔式光热电站热红外遥感温度反演图（ZY1-02E，2023 年 8 月）

◀敦煌 100 兆瓦熔盐塔式光热电站遥感影像局部放大（GF-7，2023 年 10 月）

荒漠变成蓝色的“海洋”

海拔近 3000 米的青海塔拉滩曾是酷热暴晒、风沙肆虐、植被稀疏的无人荒漠。然而，正是这些极端的自然条件，让这片土地成为建设光伏电站的理想之地。如今，塔拉滩已蜕变为全球最大的光伏产业园区，完成了从荒芜滩涂到绿色能源宝地的华丽蜕变。园区内，数百万块光伏板宛如巨大的蓝色拼图，随着地势的起伏而有序铺展，构成了一片波光粼粼的蓝色海洋。

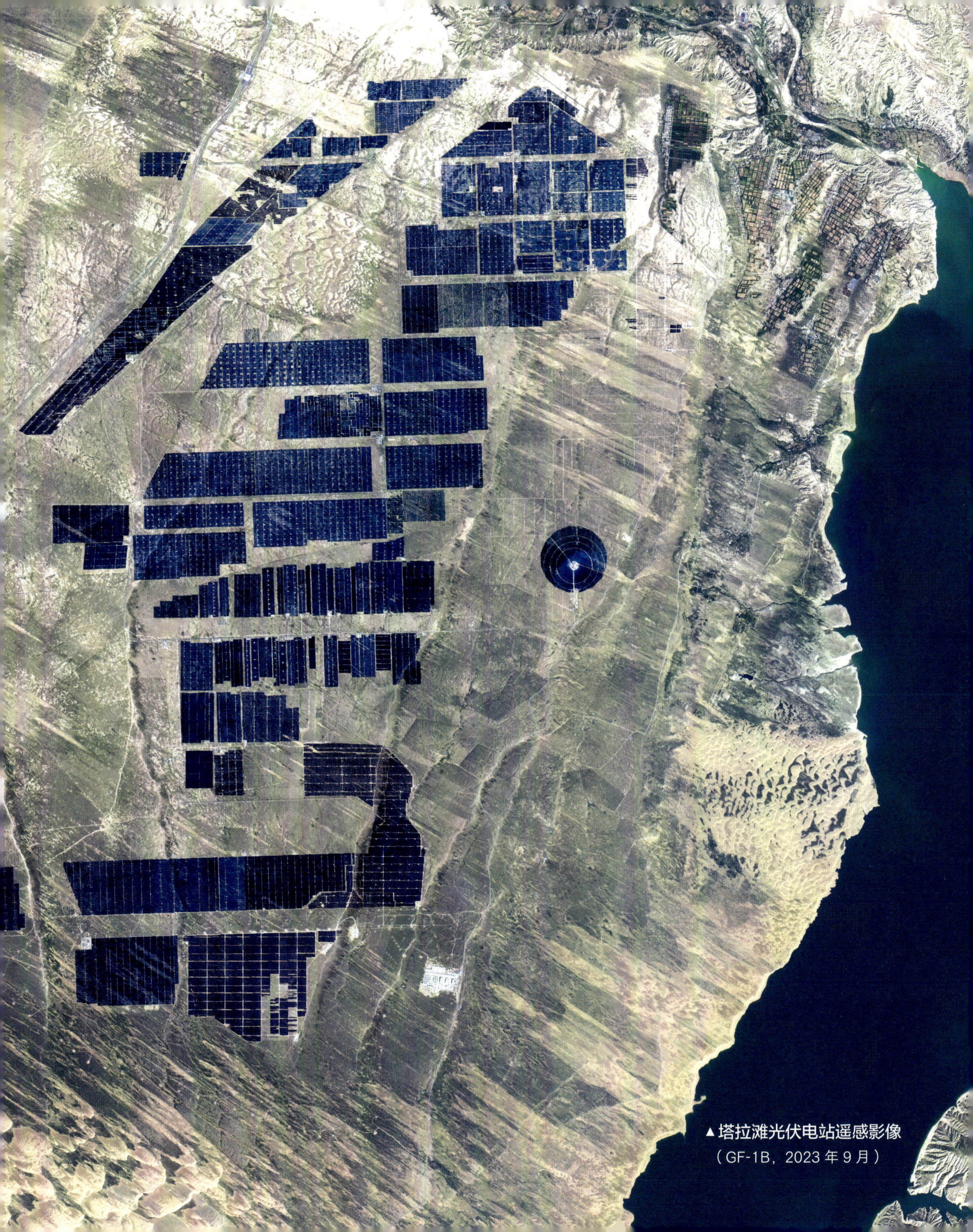

▲塔拉滩光伏电站遥感影像

（GF-1B，2023 年 9 月）

▲塔拉滩光伏电站立体视角遥感影像
（GF-1B，2023 年 9 月）

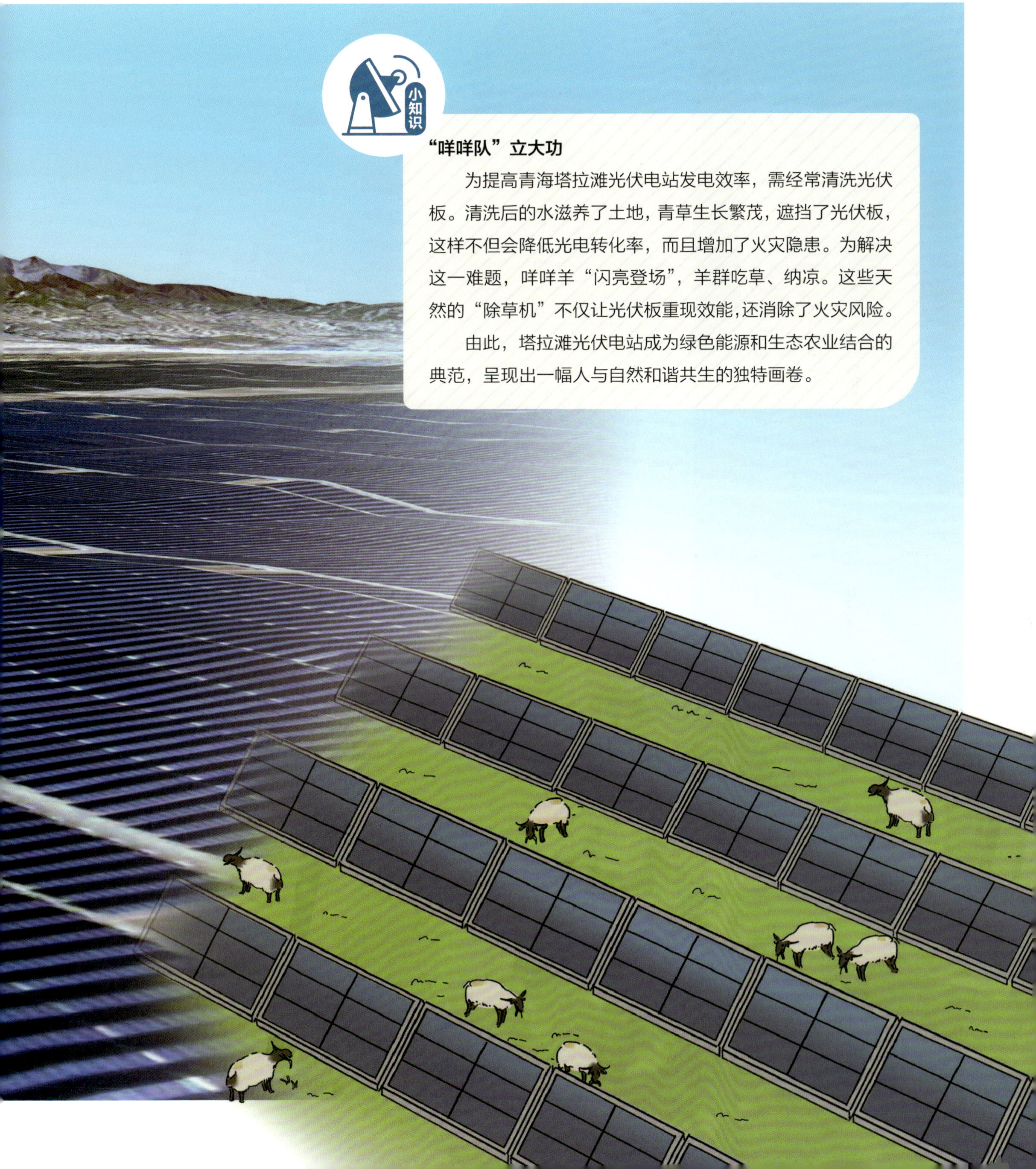

小知识

“咩咩队”立大功

为提高青海塔拉滩光伏电站发电效率，需经常清洗光伏板。清洗后的水滋养了土地，青草生长繁茂，遮挡了光伏板，这样不但会降低光电转化率，而且增加了火灾隐患。为解决这一难题，咩咩羊“闪亮登场”，羊群吃草、纳凉。这些天然的“除草机”不仅让光伏板重现效能，还消除了火灾风险。

由此，塔拉滩光伏电站成为绿色能源和生态农业结合的典范，呈现出一幅人与自然和谐共生的独特画卷。

综合利用

通过创新的“光伏 +”模式，将太阳能与风能、地热能、水能等多种能源进行智能协同调度，构建起多元化、互补性强的能源供应体系，确保了能源供应的稳定性与高效性。这一模式不仅提升了能源的综合利用效率，降低了对化石燃料的依赖，还有效减少了环境污染，促进了能源结构向绿色、低碳方向的转型。通过跨区域的能源互补和先进储能技术的融合应用，为可持续发展提供了创新策略与解决方案。

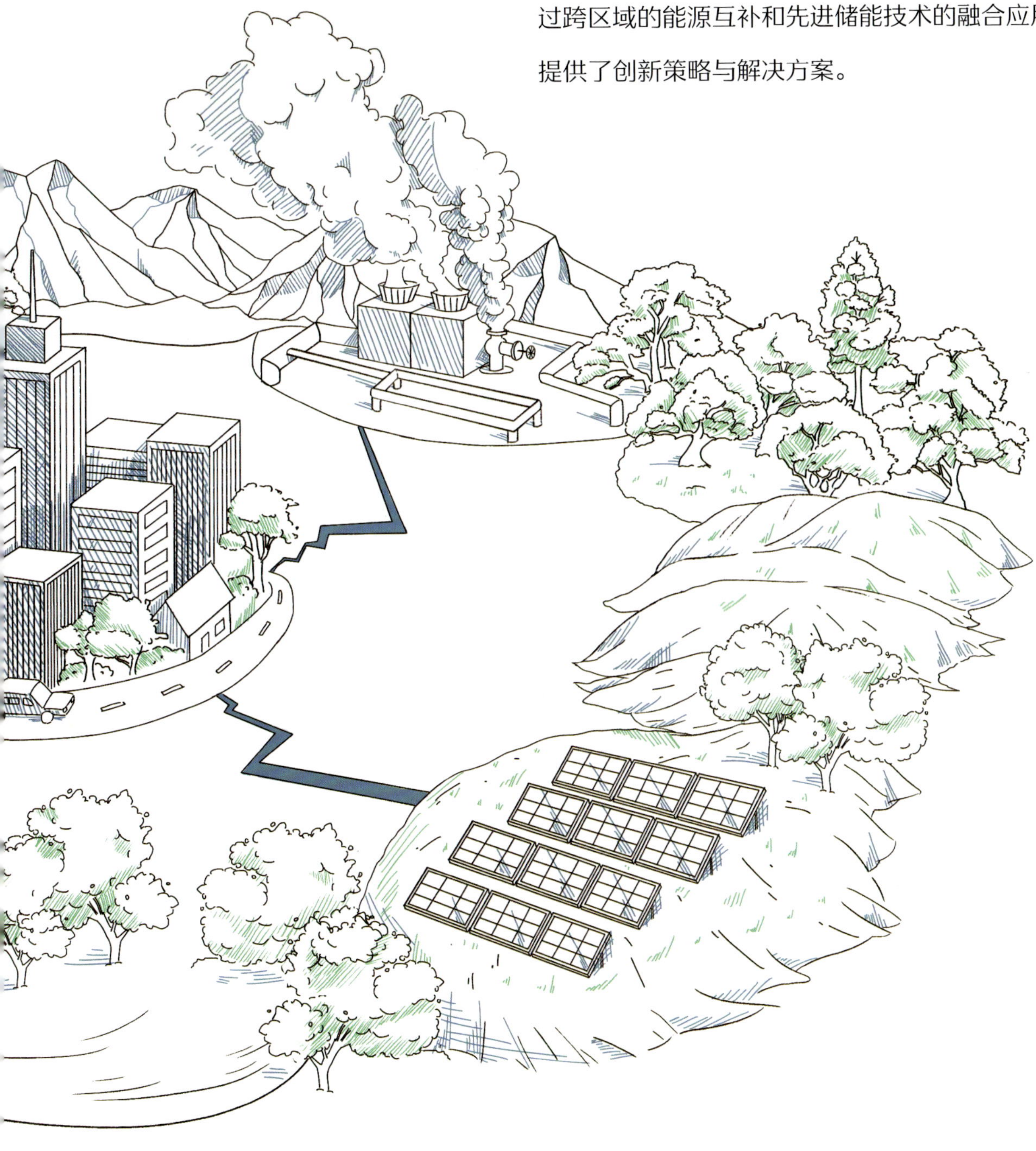

多元的“光伏 +”模式

太阳能不仅可以转化为清洁电能，更是与其他产业相互协同，形成创新的“光伏 +”模式：“光伏 + 渔业”模式将光伏板安装在鱼塘或水库上方，既为养殖业提供电力，又不影响渔业生产；“光伏 + 牧业”模式提高光伏效能的同时，也建成了一座生态和谐的牧场。此外，还有“盐光互补”“农光互补”“光伏建筑”等各种“光伏 +”的创新模式，实现了“一举多得、一地多用”的智慧布局。

◂天津海晶“盐光互补”遥感影像
（GF-2，2023 年 11 月）

互补的能源协同方式

新型能源虽优势显著,但也有其局限性。如水力发电受季节性水位影响波动较大，风能发电高度依赖气象条件，太阳能发电则受限于日照时间和强度等。为了克服这些局限性，通过多种能源的优化整合，形成优势互补的协同发电模式。

柯拉光伏电站位于四川雅江海拔 4000 米以上的地区，与距离它约 50 千米的两河口水电站相联，实现了“水光互补”模式，首次将全球“水光互补”的规模提升至百万千瓦级。这也是当前全球最大、海拔最高的“水光互补”项目。

▸“水光互补”遥感影像示意（GF-1，2023 年 12 月）

两河口水电站

集成的应用典范

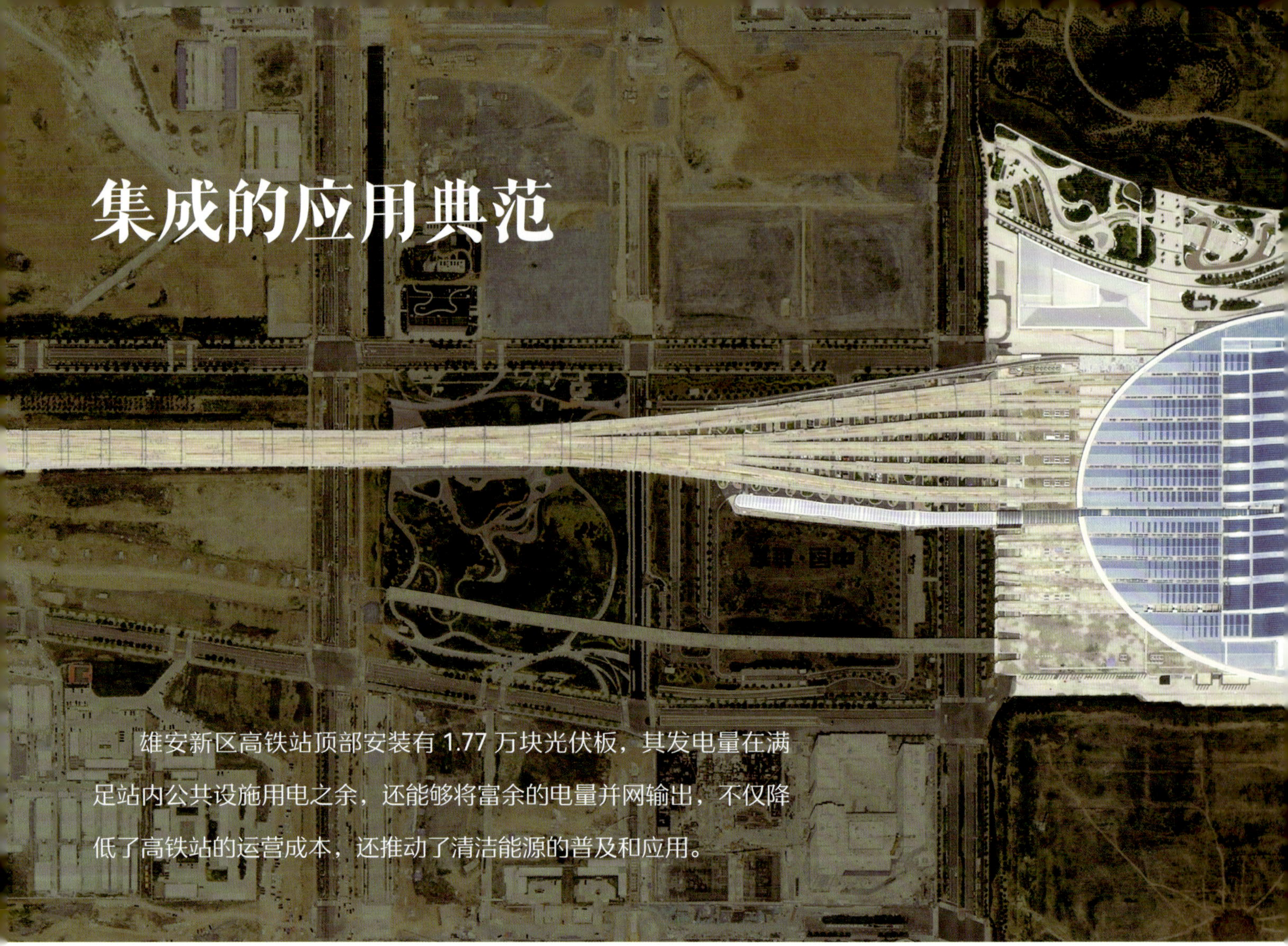

雄安新区高铁站顶部安装有 1.77 万块光伏板，其发电量在满足站内公共设施用电之余，还能够将富余的电量并网输出，不仅降低了高铁站的运营成本，还推动了清洁能源的普及和应用。

▲雄安新区容东 4 号能源站遥感影像
（BJ-3，2024 年 5 月）

雄安新区地热资源丰富，综合能源站通过地热能为建筑物供暖或制冷，大幅降低了电力和燃气的消耗，减少了碳排放和环境污染。综合能源站按照“一站一景”设计，成为一道道独特的城市美景。

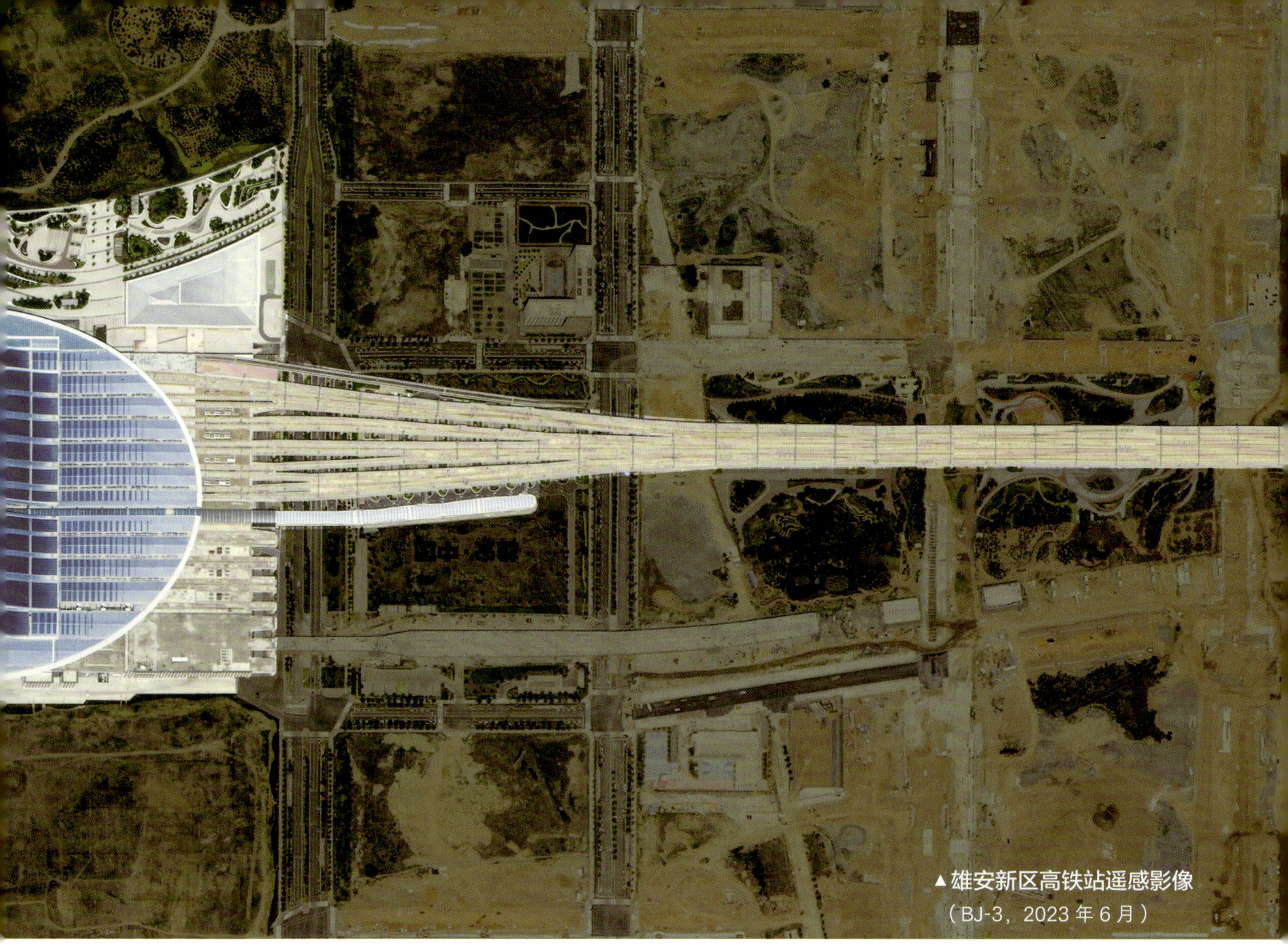

▲雄安新区高铁站遥感影像
（BJ-3，2023 年 6 月）

雄安新区正以其前瞻性的绿色能源集成应用策略，成为未来城市发展的典范。除充分利用太阳能、地热能等，每年还从张家口引入 70 亿千瓦时的风电。通过充分利用太阳能、地热能、风电等绿色能源，雄安新区实现了能源的多元化和清洁化，这些应用实例不仅展示了绿色能源的潜力和实际效果，也为未来的城市发展提供了可借鉴的经验。

尾声

李四光以其深邃的思考和前瞻性的视野，为中国能源事业的发展奠定了坚实的基础。他提出利用可再生能源的观点，不仅为当时的中国指明了能源发展的方向，更为后来的绿色能源革命播下了希望的种子。

我国坚决践行绿色发展理念，大力发展风力发电和光伏发电，地热资源也得到了充分的开发和利用。如今，风能和太阳能已成为我国新增发电量中的重要组成部分，地热电站的建成和运营也为我们提供了清洁高效的能源选择。

面向未来，我们肩负着推进碳达峰碳中和的庄严承诺。构建清洁、低碳、高效、安全的现代化能源生产和消费体系，推动形成绿色生产和生活方式，这不仅是对李四光精神的继承和发扬，更是对全人类未来的责任担当。

视界无界

05

遥感卫星，作为现代地球观测的“太空之眼”，不仅能诠释李四光地质科学思想的广博深邃，更为科学研究和社会应用开辟了全新视野。

本篇将以遥感卫星为核心，展现**“卫星视界”**的神秘所在，逐一揭晓其体态特征、运动特征、能力表征以及身份密码。

“科技赋能”推动社会的进步与前行。遥感卫星被赋予了“尖兵”“御史”“医师”等职能身份，为我们探寻地球的各类属性与特征提供了新的视角。

以**“发展历程”**为轨迹，了解遥感卫星跨越式的发展进程，感受它们与航空航天、信息网络、装备制造、智能计算等技术的深度融合。随着新技术的不断涌现，遥感卫星正逐步迈向“视界无界”的宏伟愿景。

卫星视角

姓　　名 遥感卫星

体　　重 一般为几十千克至几千千克

寿　　命 一般为 5~8 年

分类类型 陆地卫星、海洋卫星、气象卫星

运载火箭 长征、快舟等系列

发射基地 酒泉、太原、西昌、文昌等

工作时间 24 小时运行，执行预设任务并实时响应地面调整指令

遥控中枢 西安卫星测控中心（负责卫星轨道、姿态控制、故障诊断维修等）

数据接收 密云、喀什、三亚、昆明、北极五个陆地卫星数据地面接收站，北京、牡丹江、海南三个海洋卫星地面接收站，“雪龙”号船载移动接收站

▲高分一号卫星

▲高分七号卫星

体态特征

遥感卫星一般由卫星平台、太阳能电池板以及遥感仪器等构成。

- 卫星平台提供卫星运行的基础支撑，包括姿态控制、温度控制、指令接收、数据传输等，我国卫星平台主要为资源系列、CAST[❶]系列、SAST[❷]系列。
- 太阳能电池板为卫星提供电能。
- 遥感仪器，也称载荷，决定了遥感卫星的主要性能，不同的载荷用于获取地物的不同属性。

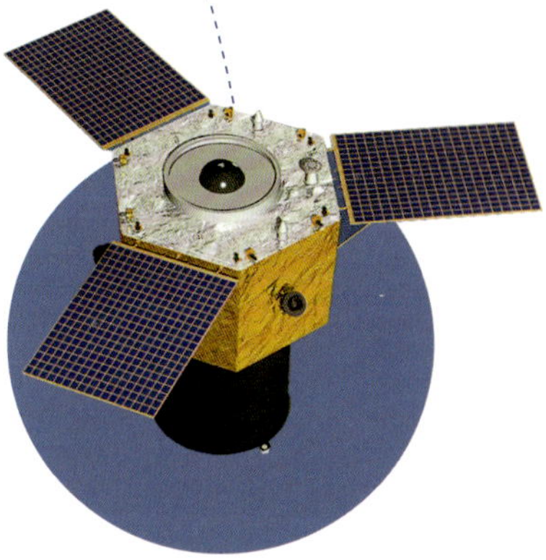

▲北京三号 B 卫星

❶ 中国空间技术研究院（China Academy of Space Technology）的缩写。

❷ 上海航天技术研究院（Shanghai Academy of Spaceflight Technology）的缩写。

运动特征

运行轨道：太阳同步轨道、地球同步轨道等

在太阳同步轨道（Sun-synchronous Orbit，SSO），卫星轨道面与太阳保持相对固定角度，高度在几百至数千千米之间，遥感卫星轨道高度一般为 400~1200 千米。

在地球同步轨道（Geostationary Orbit，GEO），卫星与地球自转周期相同，相对于地球表面某点静止，运行高度约为 36000 千米。

▲高分五号卫星

轨道周期：卫星环绕其轨道一周所需的时间

轨道周期受卫星轨道参数和飞行特性影响。太阳同步轨道卫星的轨道周期约为 100 分钟，如资源三号卫星的轨道周期约为 98 分钟。地球同步卫星与地球自转周期同步，即 24 小时，如高分四号卫星。

重访能力：卫星两次经过同一地区上空所需的时间间隔

卫星的重访能力一般为几天至几十天，与轨道位置、观测幅宽、侧摆观测等相关。例如高分二号卫星通过侧摆可将重访周期由 69 天缩短至 5 天以内；SkySat 小卫星星座❶的重访周期为 0.5 天。

扫一扫
查询我国不同时间
遥感影像数据及缩略图

❶ SkySat 小卫星星座是高频成像对地观测小卫星星座，共 21 颗。

能力表征

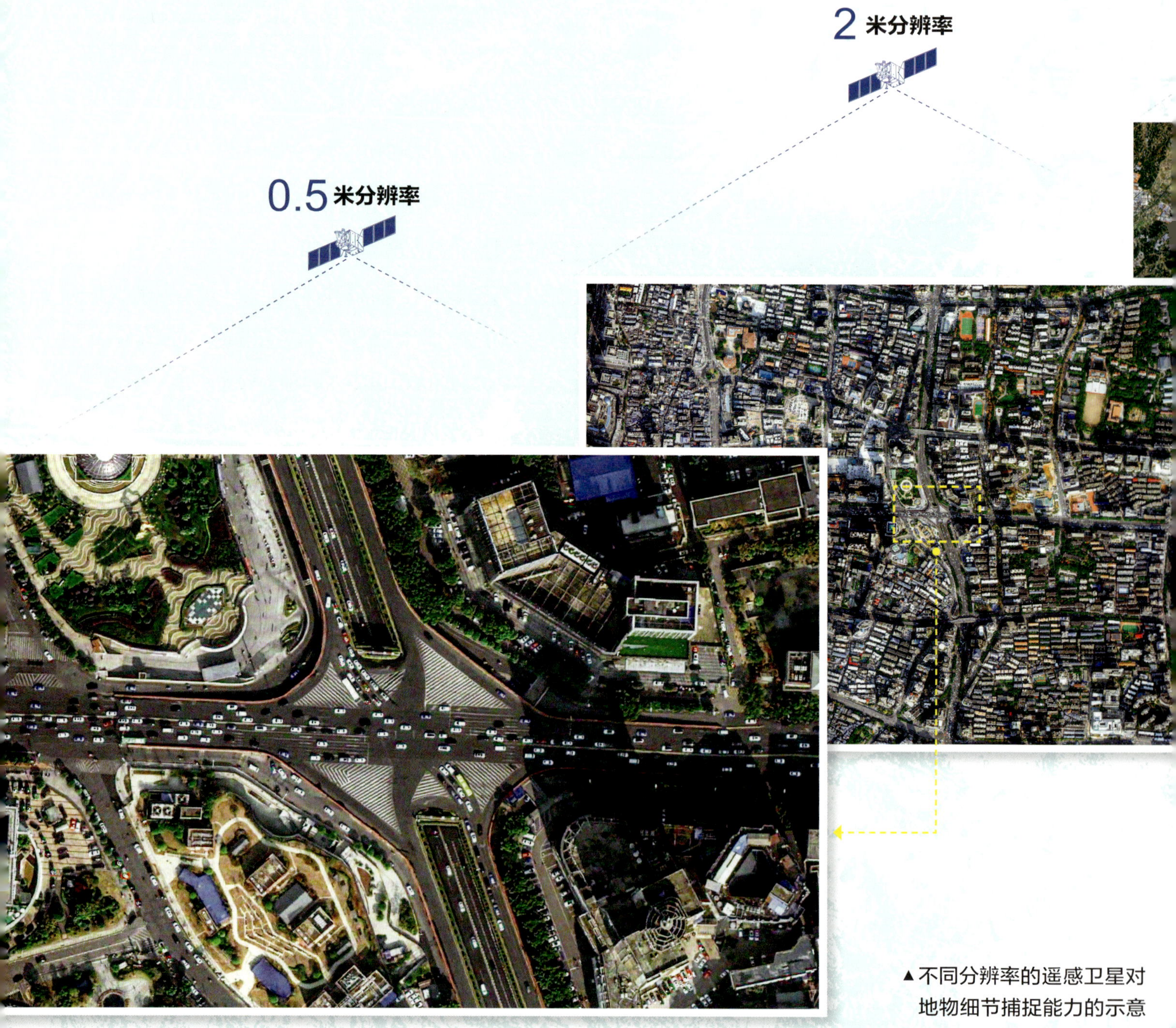

▲不同分辨率的遥感卫星对地物细节捕捉能力的示意

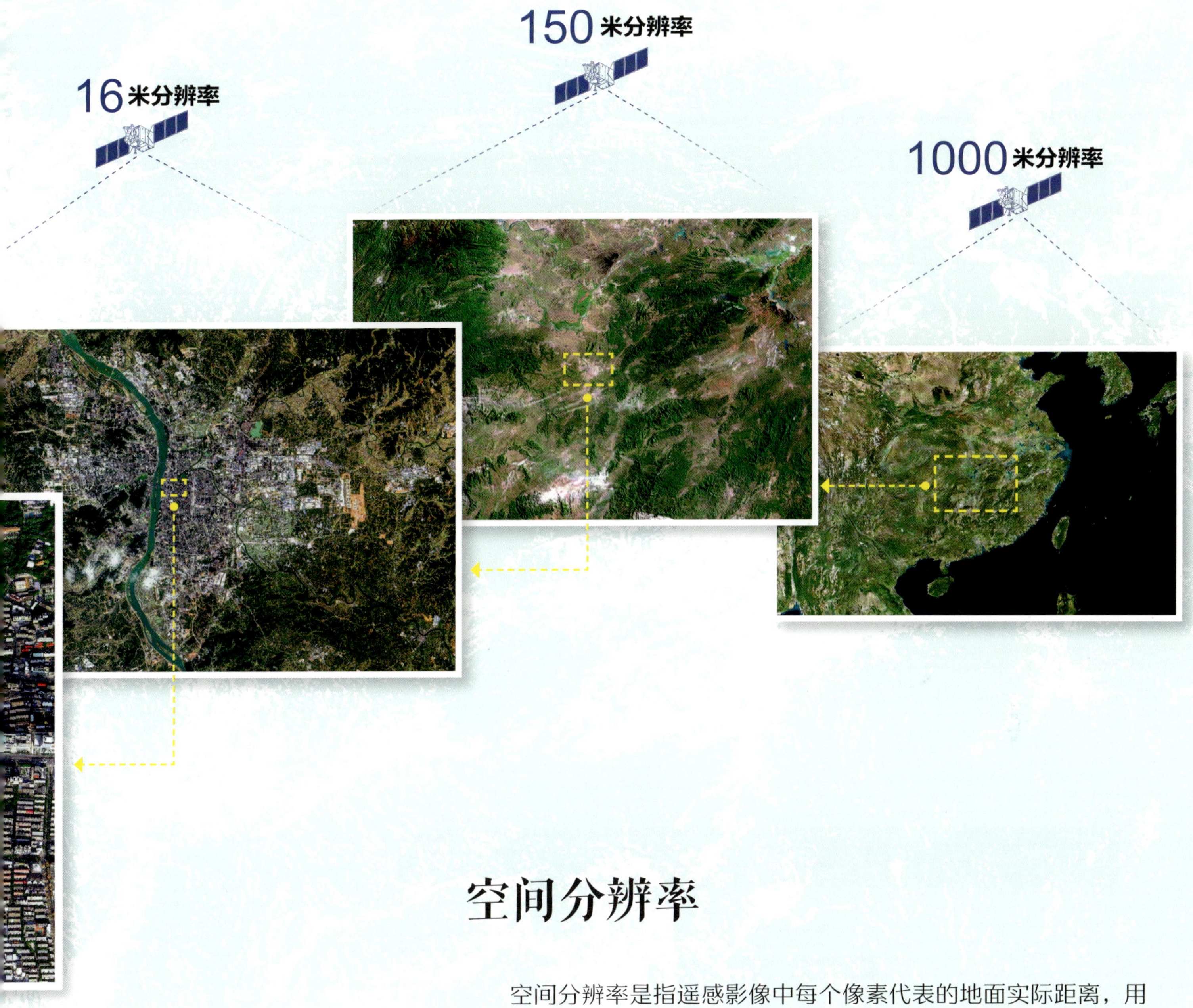

空间分辨率

空间分辨率是指遥感影像中每个像素代表的地面实际距离，用于描述遥感影像上能够区分的最小地物单元尺寸。低分辨率的遥感卫星能展现宏观的地理格局影像，如城市发展格局、交通河流网络链接、地球板块构造等。分辨率越高的卫星，对地物细节的捕捉能力就越强，例如我国自然资源调查卫星以 2 米、0.5 米分辨率影像为主，在遥感影像中，房屋、树木、车辆、斑马线等都清晰可见。

光谱分辨率

每种物体对不同波长的光有其独特的吸收、反射和发射特性，遥感卫星可以探测识别这种特性。遥感卫星除了能看到人眼能看到的可见光光谱区间，还能看到紫外线、红外线和微波这些人眼无法看到的光谱区间。

光谱分辨率反映遥感卫星对不同波长光线的分辨能力，即不同的遥感卫星能够识别不同的波长。光谱分辨率越高，遥感卫星能够区分的波长谱段就越精细，能够捕捉到的光谱特征就越丰富，对地物不同属性的识别就越准确。

遥感卫星可以通过每个谱段的反射信息形成一张灰度❶照片，当遥感传感器捕捉到红、绿、蓝（RGB）三种颜色对应谱段的反射信息时，可以将这三个谱段的数据合成一张彩色照片。多光谱成像技术通常可以使用十几个谱段，而高光谱成像技术可使用数十个、甚至数百个连续的谱段，提供更详细的光谱信息。

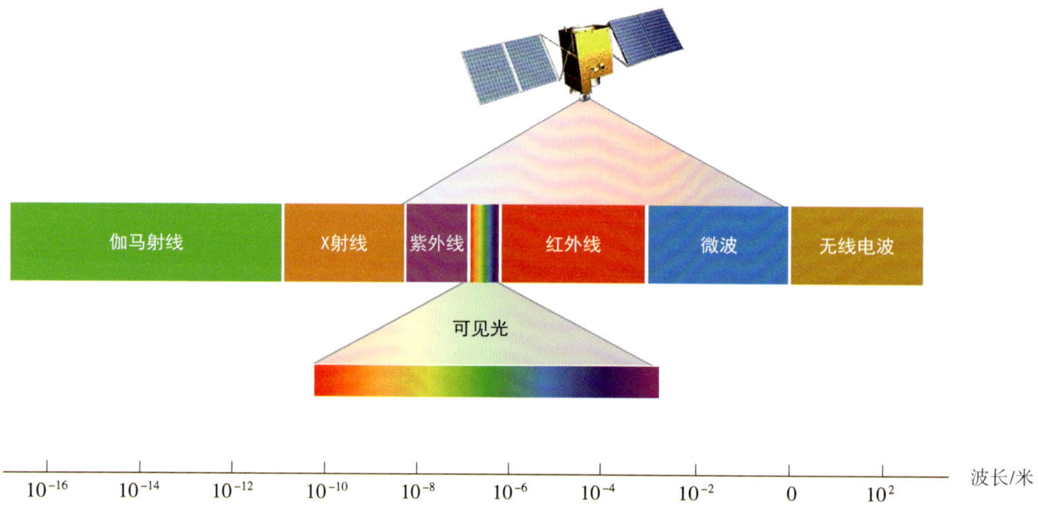

▲遥感卫星可识别的光谱区间示意

❶ 不同的灰度代表不同的反射强度。灰度值越高，表示反射强度越大。

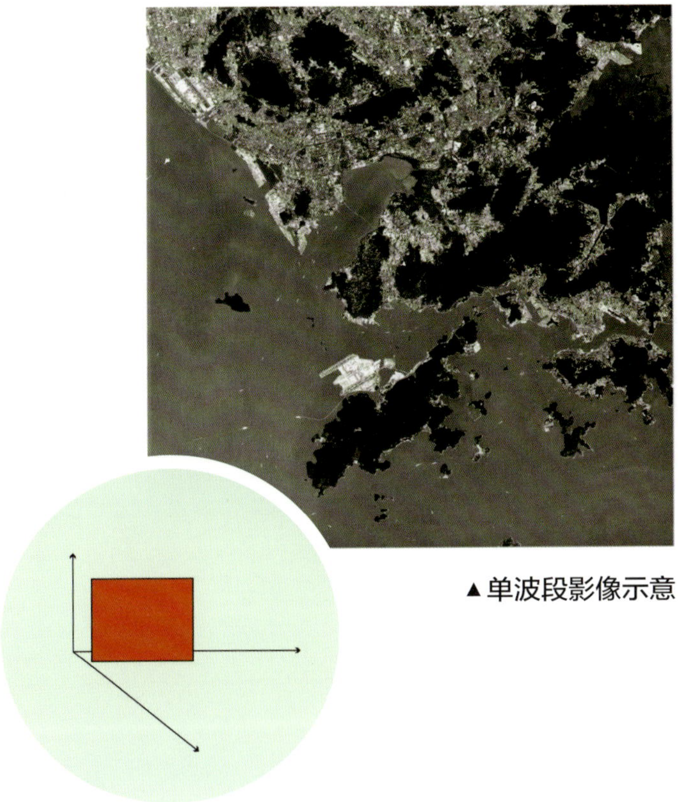

▲单波段影像示意

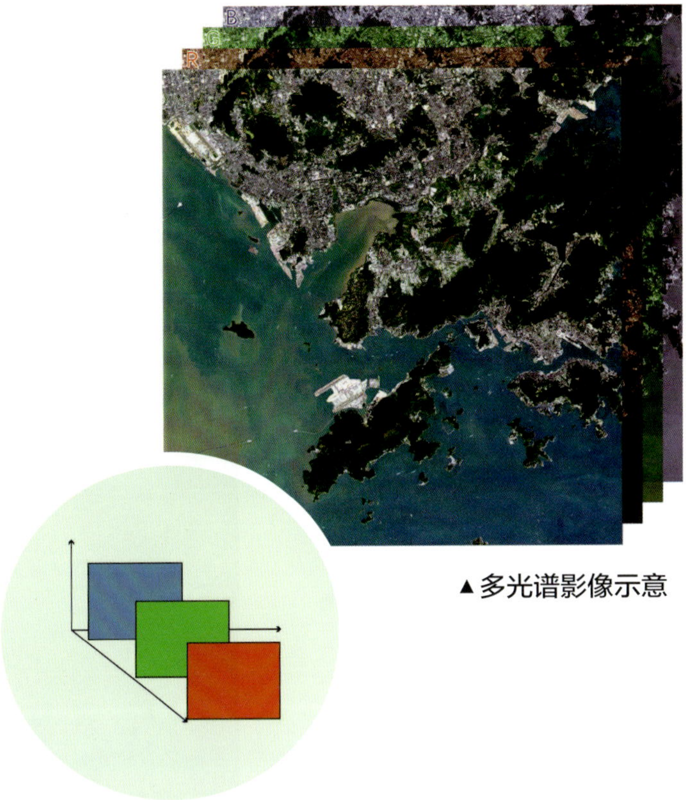

▲多光谱影像示意

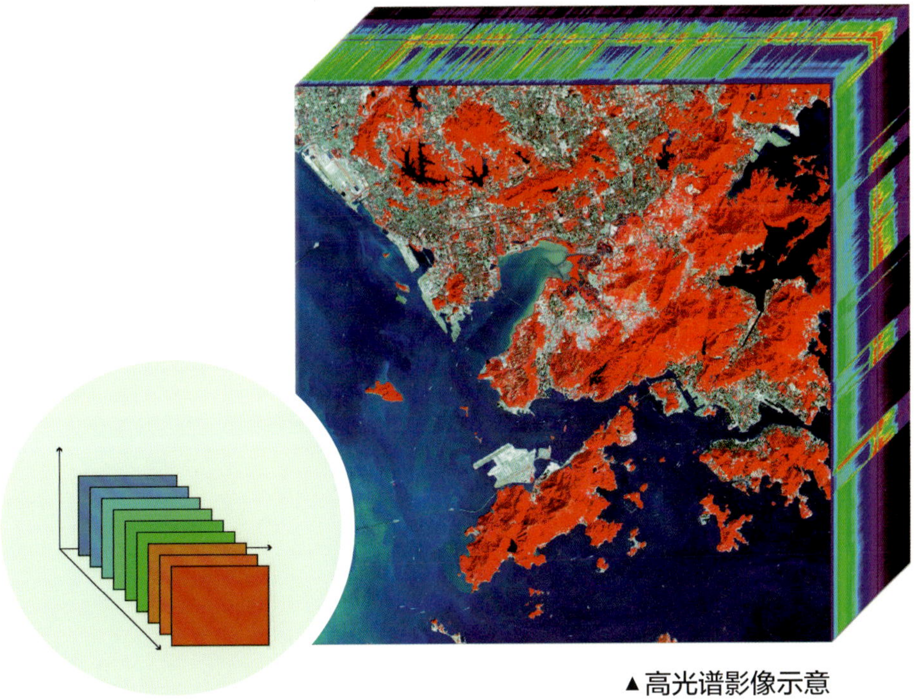

▲高光谱影像示意

幅宽

幅宽指遥感卫星一次成像时能够覆盖的地面宽度。低轨道遥感卫星成像幅宽为几千米至几百千米，变轨遥感卫星成像幅宽为几百千米至上千千米。一般来说，幅宽越长，图像分辨率越低，就更适合展示宏观影像。

通过改进相机、拼接多张影像等手段，可以增加幅宽。例如，高分一号卫星通过四台16米分辨率的相机自主拼接，幅宽可达800千米，一图便可展现东北、华北以及长江中下游平原的区域。

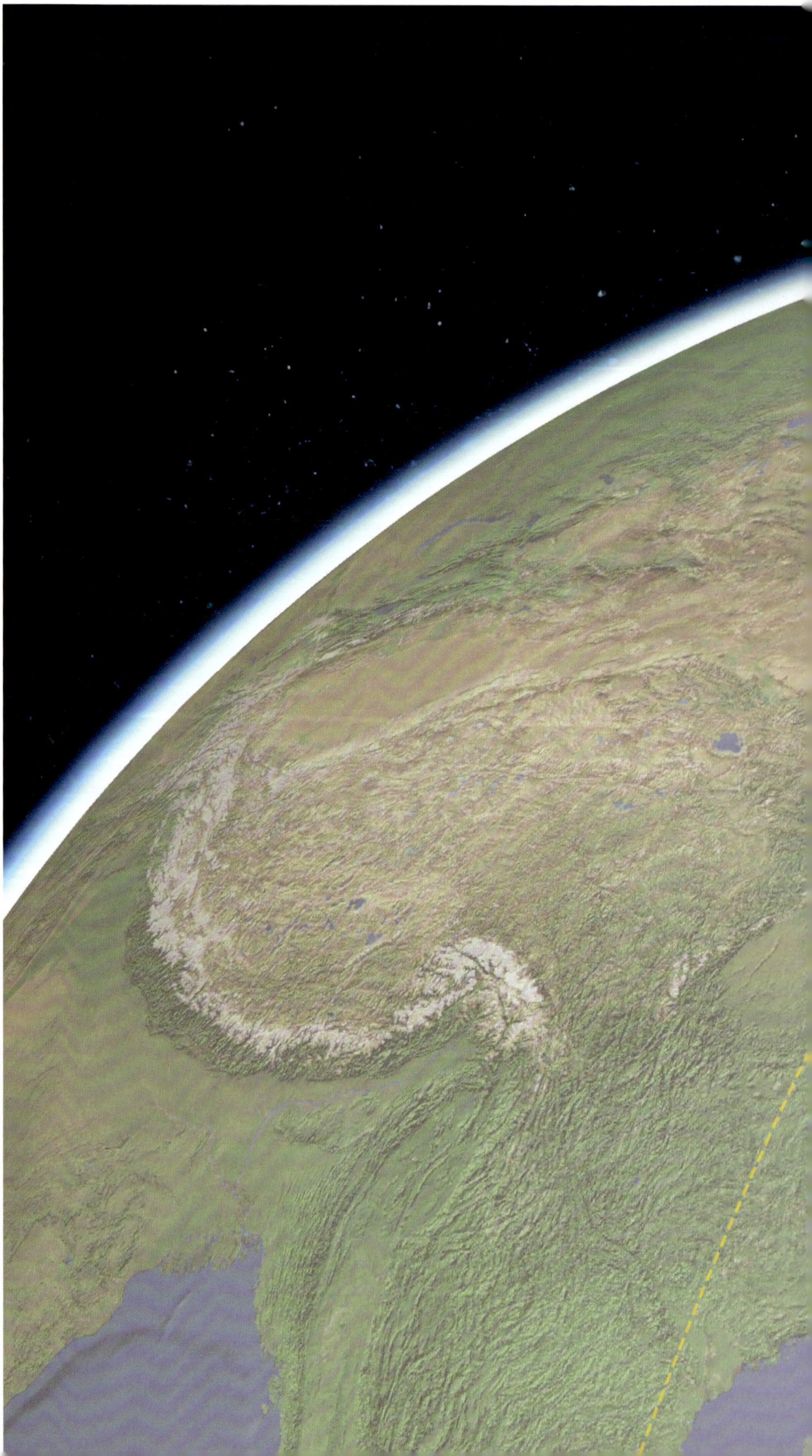

▶幅宽示意

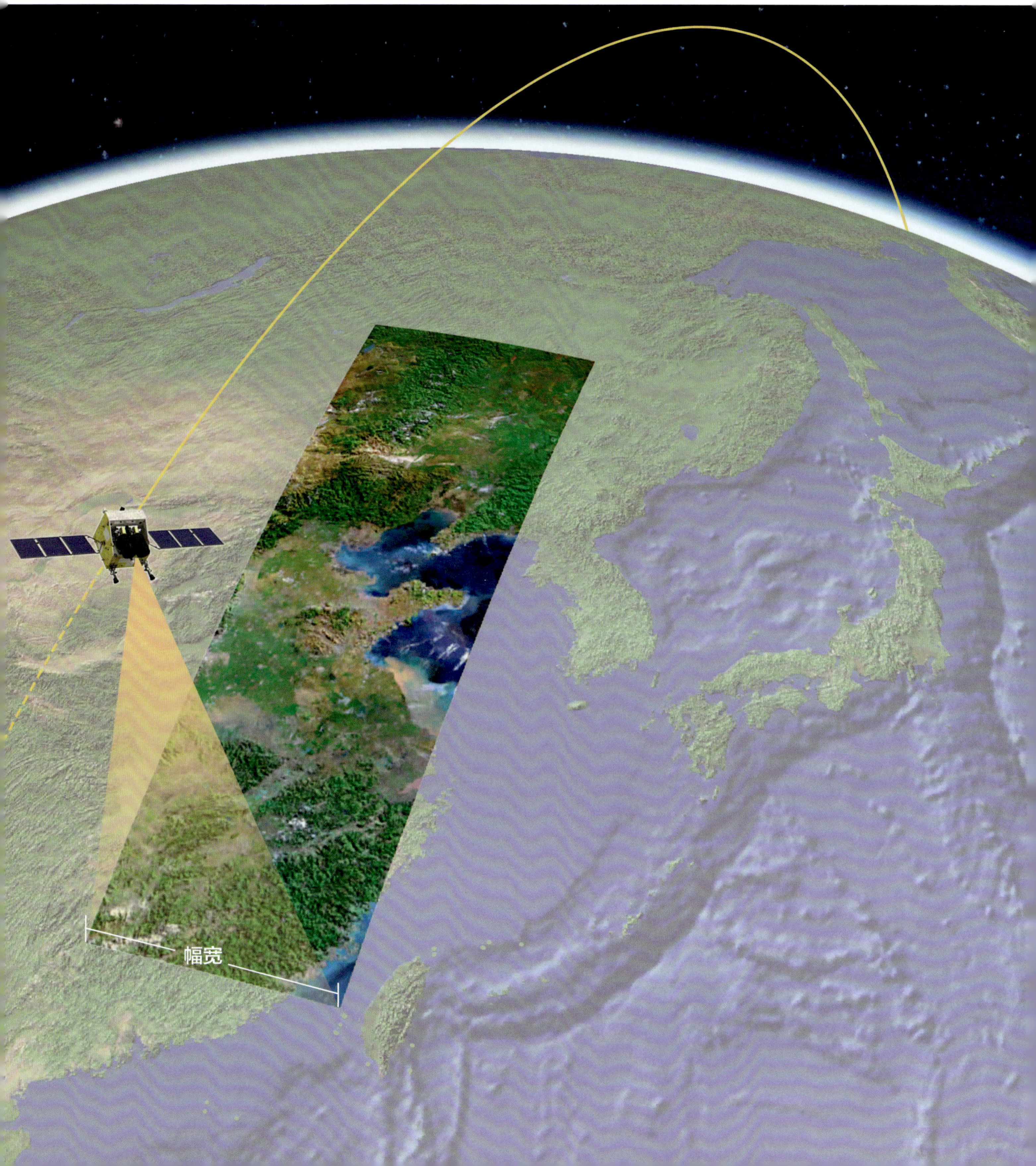
幅宽

▲海南蜈支洲岛光学遥感影像

（GF-7，2022 年 1 月）

身份密码

遥感卫星不仅可以按照轨道、光谱分辨率等进行分类，也能通过“看家本领”确定身份，如光学成像卫星、立体测绘卫星、雷达成像卫星，重力测量卫星、视频监视卫星、激光测高卫星、夜光成像卫星等。

光学成像卫星

光学成像卫星搭载着精密的光学载荷，利用可见光及临近谱段，捕捉并记录了地球表面特征影像，相当于给地球拍照，通过记录的红、绿、蓝波段特征，可还原地表的真实面貌，使影像色彩与人眼观察的几乎一致。光学成像卫星也是数量最多、应用最广的卫星，如高分一号卫星、高分二号卫星、资源一号 02C 星等。

立体测绘卫星

立体测绘卫星模拟了人眼的立体视觉原理，通过多台相机，从不同角度拍摄地面的同一区域，从而构建出高精度的三维地物模型和三维地图影像，人们就可以在虚拟数字地球空间遨游、对地物进行量测。目前，高分七号卫星、资源三号卫星等都具备立体成像能力。

◀三维建筑模型示意

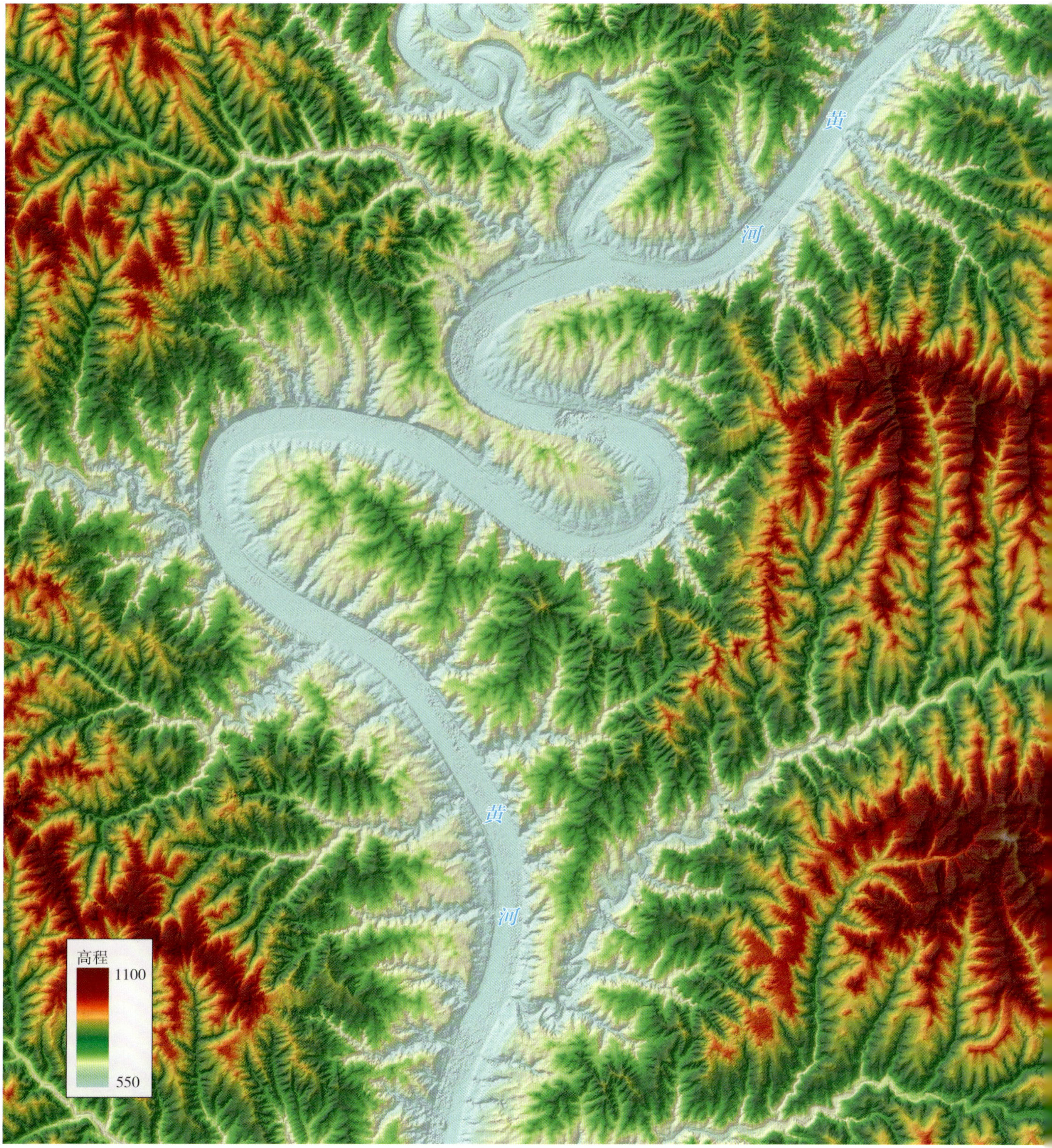

▲数字高程模型示意

（单位：米）

雷达成像卫星

雷达成像卫星搭载可以穿云透雨的微波载荷，解决了光学成像卫星被云雨遮挡视线的难题，同时基于微波信号记录的相位信息，通过干涉方式获取高度、形变等信息，精度可达到毫米级，如 L 波段差分干涉 SAR 卫星。

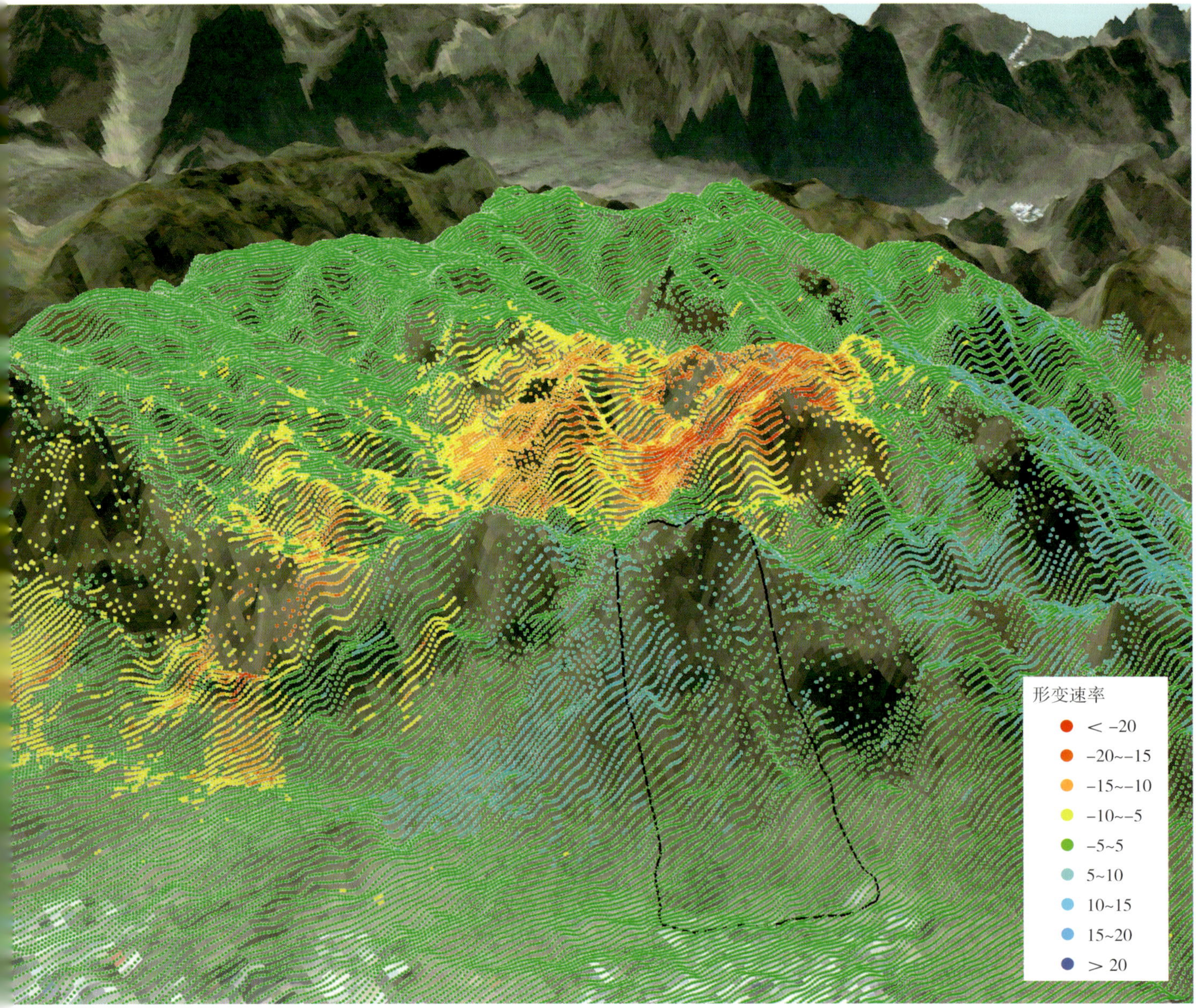

▲云南镇雄滑坡形变速率示意
（单位：厘米 / 年）

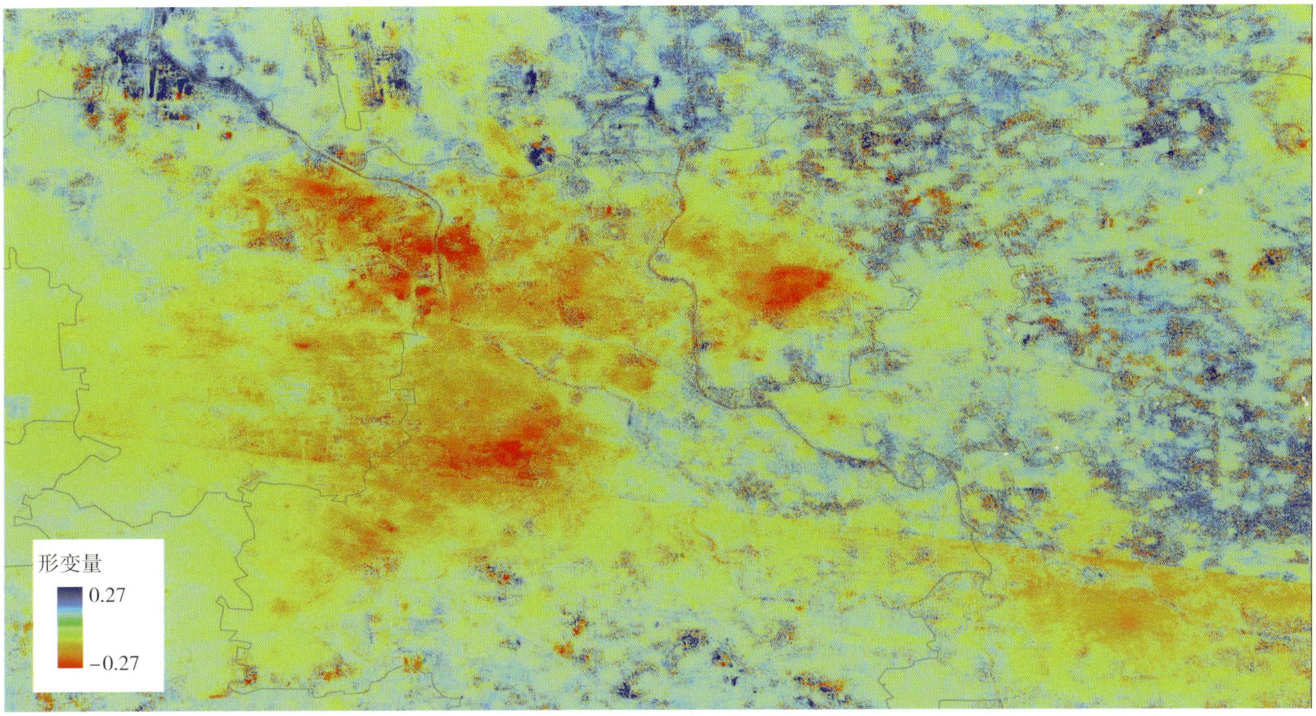

▲**某区域地面形变示意**

（正值对应颜色表示地表抬升，负值对应颜色表示地表下沉；单位：米）

▲**城市建筑微小形变示意**

（建筑物在温度、气流等影响下会发生微小的形变，建筑顶部的形变量通常比底部的形变量大，如红色标记处）

重力测量卫星

重力测量卫星搭载加速度计、静电重力梯度仪等仪器，能够精确测量地球表面重力场的分布和变化，支撑构建全球数字高程基准、监测地壳和地幔运动，以及冰川、地下水变化等，如天绘卫星系列。

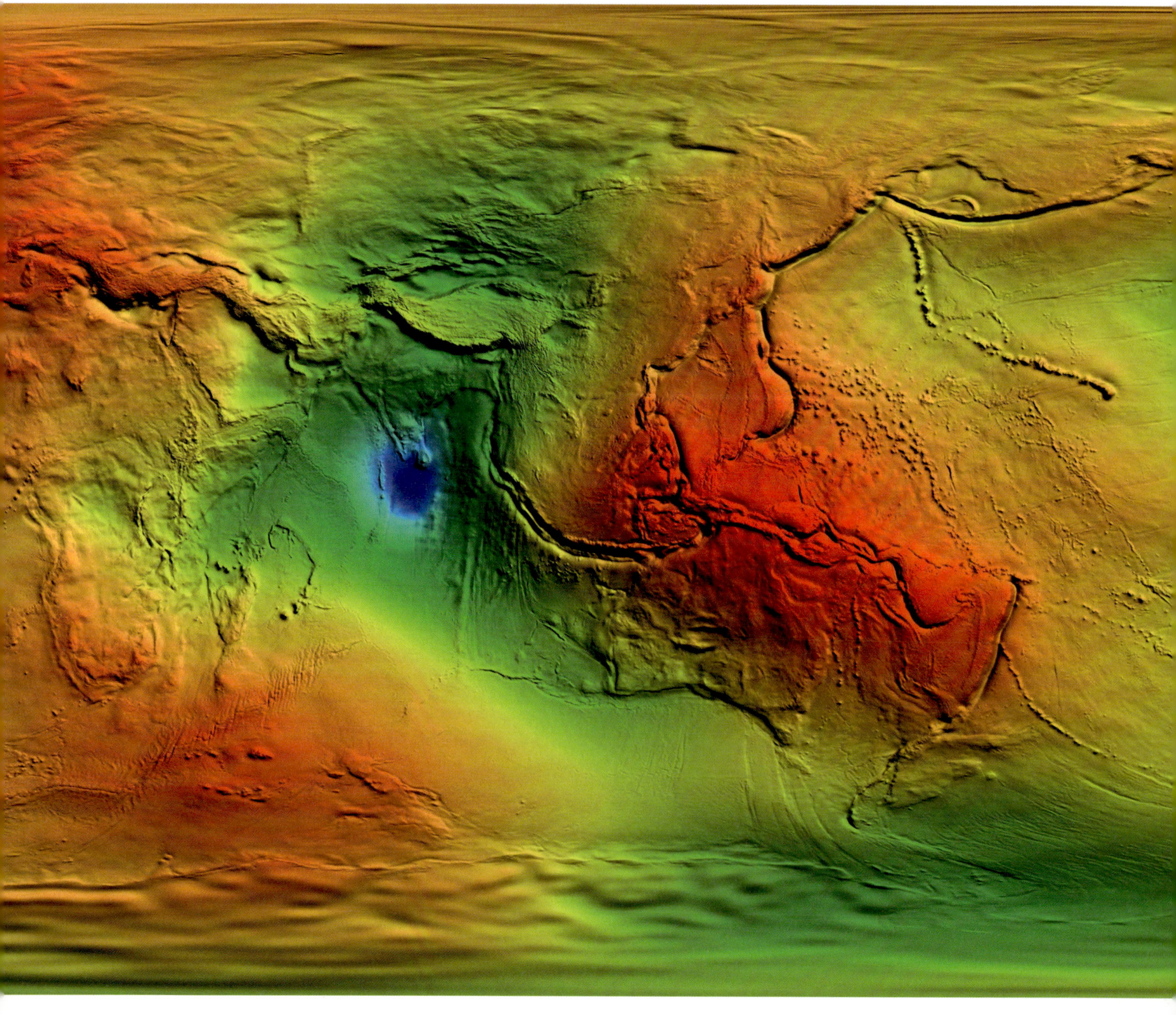

视频监视卫星

视频监视卫星的工作谱段以可见光和红外线区段为主。与传统的遥感卫星相比，视频监视卫星可以对目标进行连续、实时成像，获取目标的动态信息，如吉林一号卫星。

▼全球高程系统转换模型示意

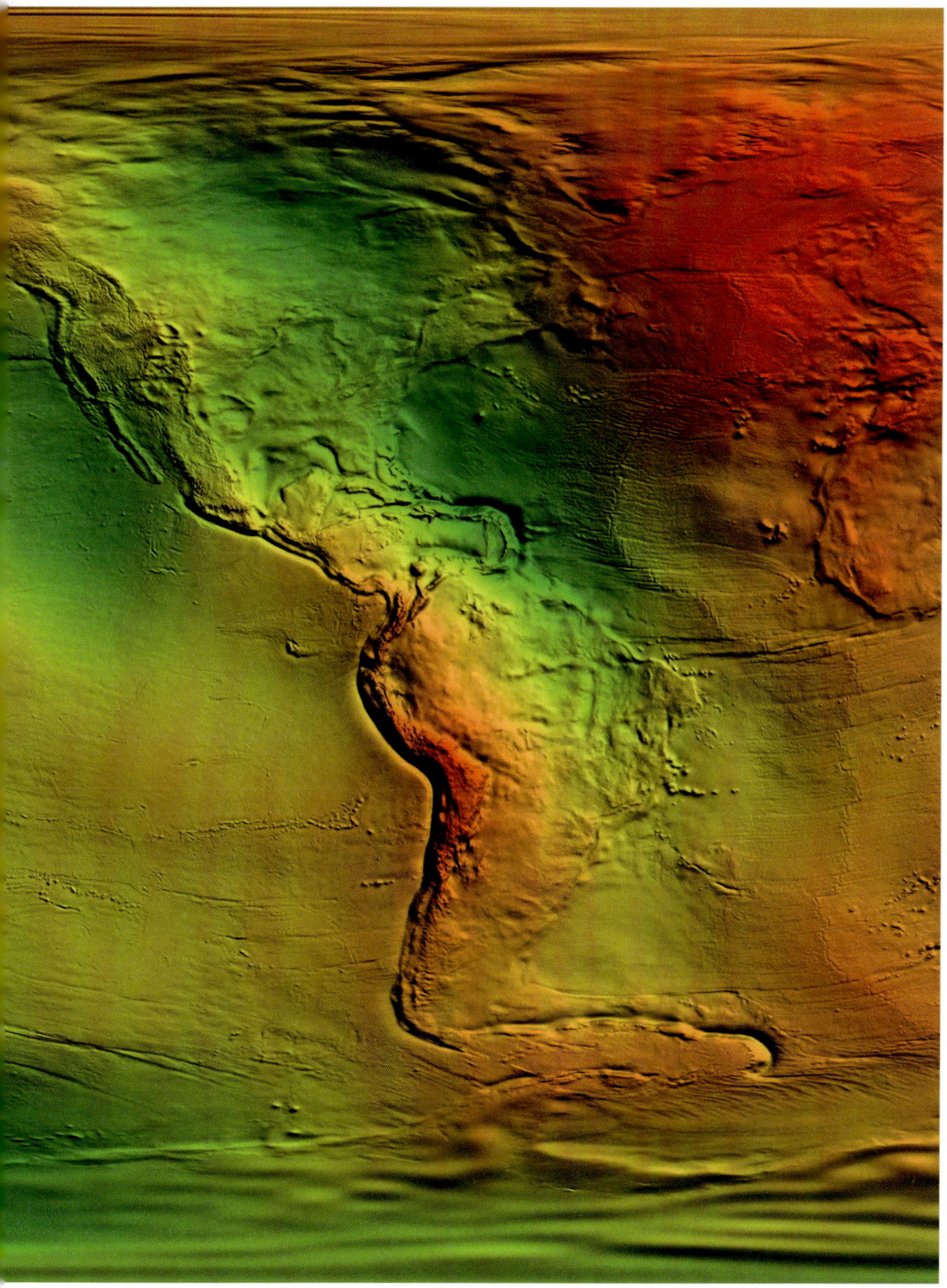

激光测高卫星

激光测高卫星通过发射激光脉冲并测量其往返时间来精确计算地面高程，用于测量和监测冰川高程、湖泊水位、森林树高、浅水地形等。我国尚无专用的激光测高卫星，但高分七号卫星、资源三号03星等已实现激光测高载荷的搭载，并开展了有效的应用示范。

▲夜间灯光遥感影像示意

夜光成像卫星

夜光成像卫星搭载了夜光遥感相机，可以捕捉夜间微弱的灯光信息，工作谱段主要为可见光和近红外线区段，该卫星可以为社会经济、国家安全等监测提供独特视角，如全球首颗专业夜光成像卫星——珞珈一号卫星。

科技赋能

遥感卫星犹如人类掌握的天外神器，不仅帮助我们探索、研究地球，而且在人类的生产生活中承担着“资产专员”“侦察尖兵”“监察御史”“化验医师”“服务管家”“太空参事”等角色。

“资产专员”

遥感卫星能快速、全面查清地表自然资源的数量、储量以及分布格局，使地球资源现状、使用情况、变化趋势变得透明可查，资源利用的每一过程都可查、可见、可追溯。无论是新崛起的高楼大厦，还是新种植的郁郁葱葱的树木，抑或是水域水位的微妙变化，甚至是生态环境质量的提升……这些变化都在遥感卫星的掌控之中，让我们一目了然。

在《第三次全国国土调查主要数据公报》中，我国就利用遥感卫星等先进技术手段全面客观地掌握了我国国土利用状况，推进了国家治理体系和治理能力现代化发展。

▲不同地物的卫星遥感影像

盐田
湖泊
道路
港口
草原
海洋
森林
沙漠
冰湖
岛屿
桥梁
矿山

“侦察尖兵”

遥感卫星能够迅速锁定并追踪关键目标，如飞机、舰船、车辆等。通过高频次、高重叠的拍摄数据，以及视频监视卫星的辅助，遥感卫星能够感知目标的微小变化，甚至识别出伪装行为，不仅能够推演目标的移动轨迹，还能评估其安全状态。在保障航运安全和国家安全方面，堪称“尖兵强将”。

▲青岛前湾港遥感影像
（GF-7，2023 年 9 月）

▸大兴机场遥感影像
（GF-7，2019 年 11 月）

“监察御史”

遥感卫星能够监视地面的一举一动，无论是违规占用土地的建设行为，还是无序开采的矿山活动，抑或是耕地的非农化、非粮化以及撂荒现象，以及工业废料的不当排放活动，遥感卫星都能一一捕捉并记录。此外，它还能发现虚假整改和数据瞒报、错报等行为，为管理机构提供了坚实的事实依据。

▼秦岭违建别墅拆除前后卫星遥感影像

（左：GF-2，2016 年 6 月；右：GF-2，2021 年 9 月）

“化验医师”

遥感卫星擅长反演分析，能够通过光谱信息诊断植物健康状态，分析水土空气的成分及含量，掌握水土流失、荒漠化程度，评估绿水青山的生态价值量，守护地球家园的健康活力。

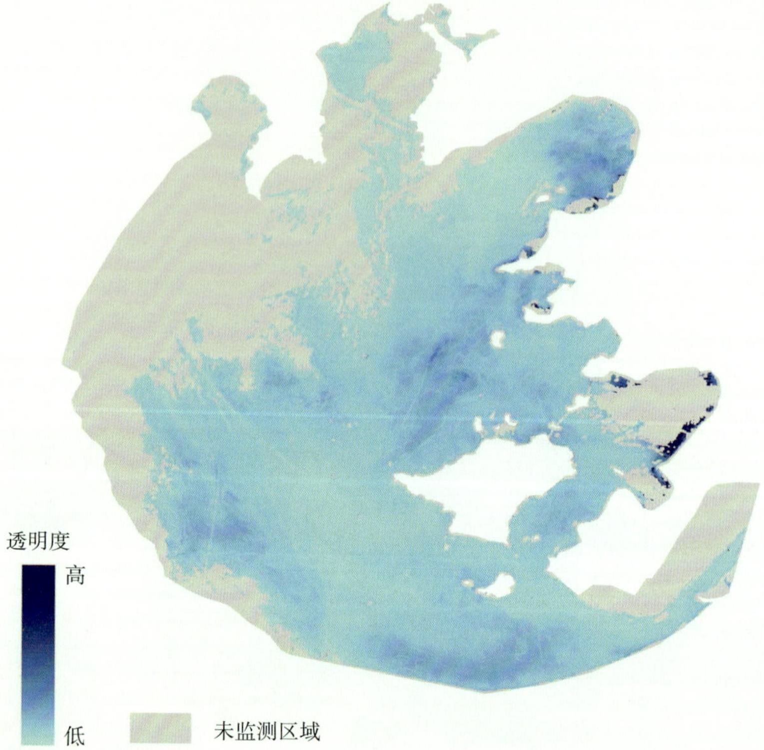

▲太湖水体透明度遥感监测示意

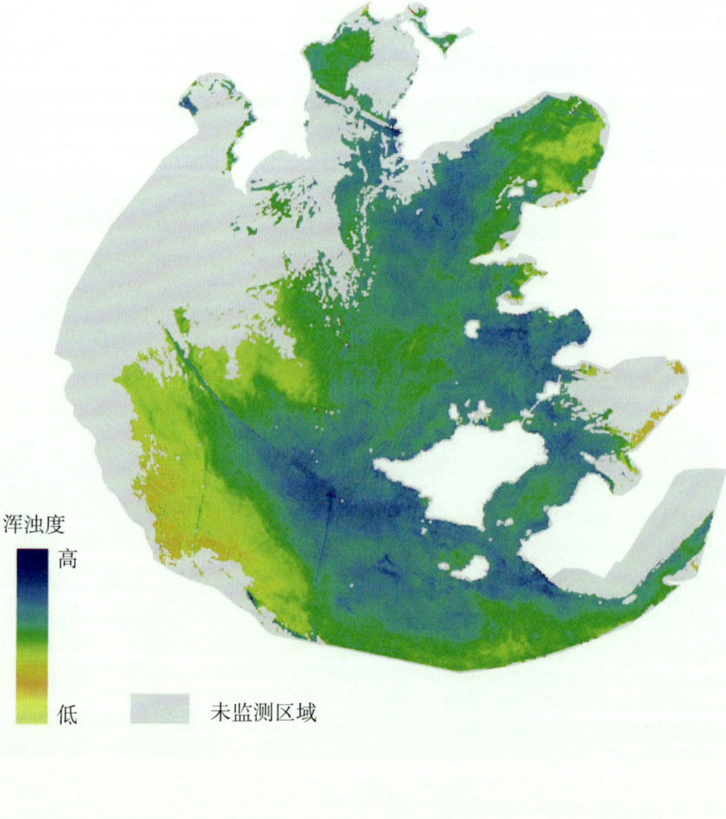

◀太湖水体浑浊度遥感监测示意

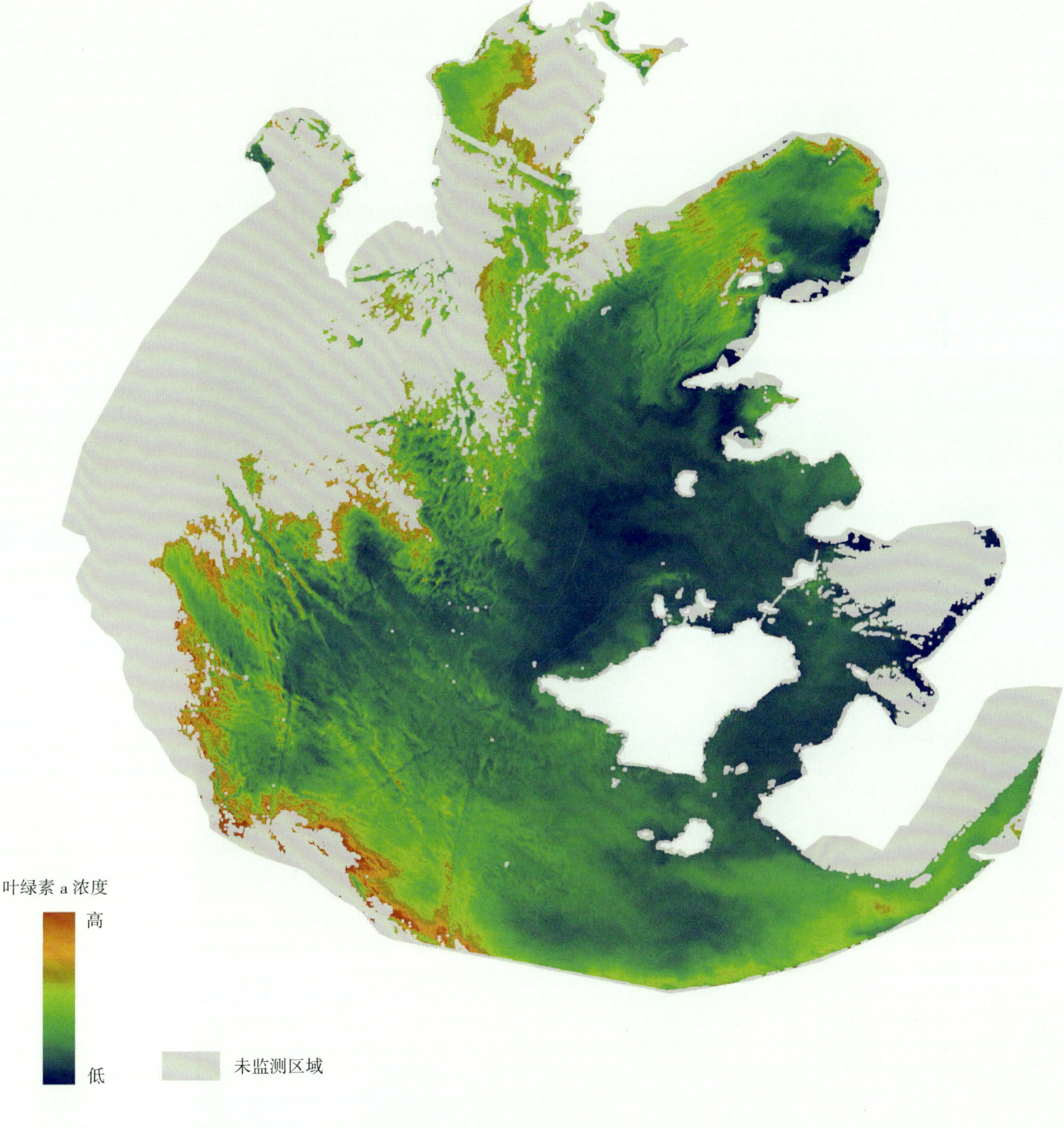

▲太湖水体中叶绿素 a 浓度遥感监测示意

“服务管家”

遥感卫星可为人民生活提供气温、降水、沙尘暴等气象预报，监测分析火情、洪涝、地震等灾害并提供有效信息，为森林、建筑、矿山等资产创建历史影像档案，为导航地图提供基础地理信息等。

扫一扫
查看山西左权森林火灾前后对比视频

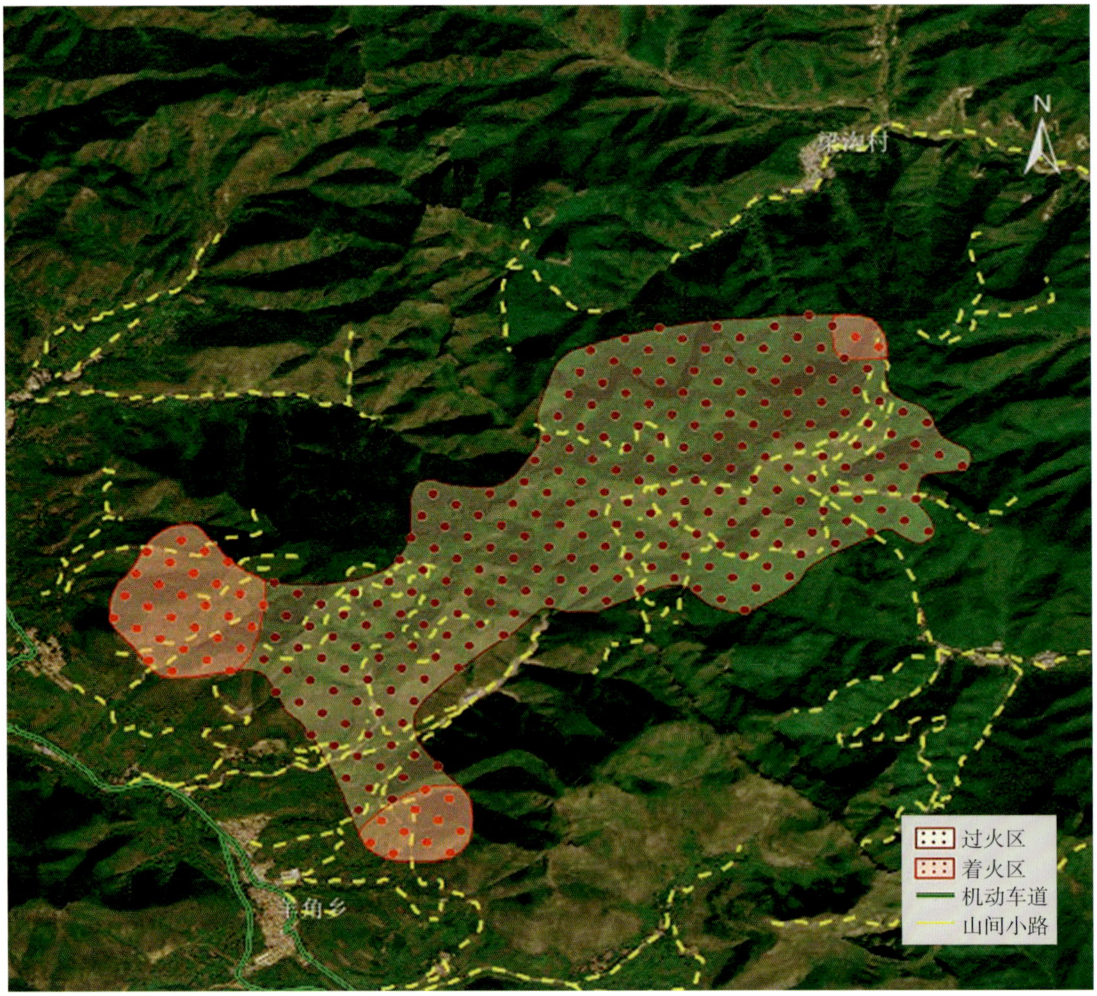

▲山西左权森林火灾范围及可通达道路遥感示意

▲腾格里沙漠森林资产遥感影像档案

（上：ZY3-01，2013 年 7 月；下：ZY1-02E，2024 年 8 月）

“太空参事”

遥感卫星作为“太空参事”，通过整合遥感监测信息，包括地表地物及变迁轨迹、地形地貌、耕地水系等地球资源储量、作物长势等质量健康、人类活动迁移规律等，结合人口、经济统计等多源信息，利用智能化模型、辅助决策系统等，挖掘数据背后的规律、提出风险警示、预测未来变化。

如监测分析钢铁、煤炭等产能变化态势，科学评估政策实施成效，辅助优化调整策略；预测粮食产量，为价格调控、保险理赔等提供建议；分析城市特征和资源承载力，为城市规划管理提供支撑；分析温室气体的排放、冰川退缩等，预测气候变化趋势等。

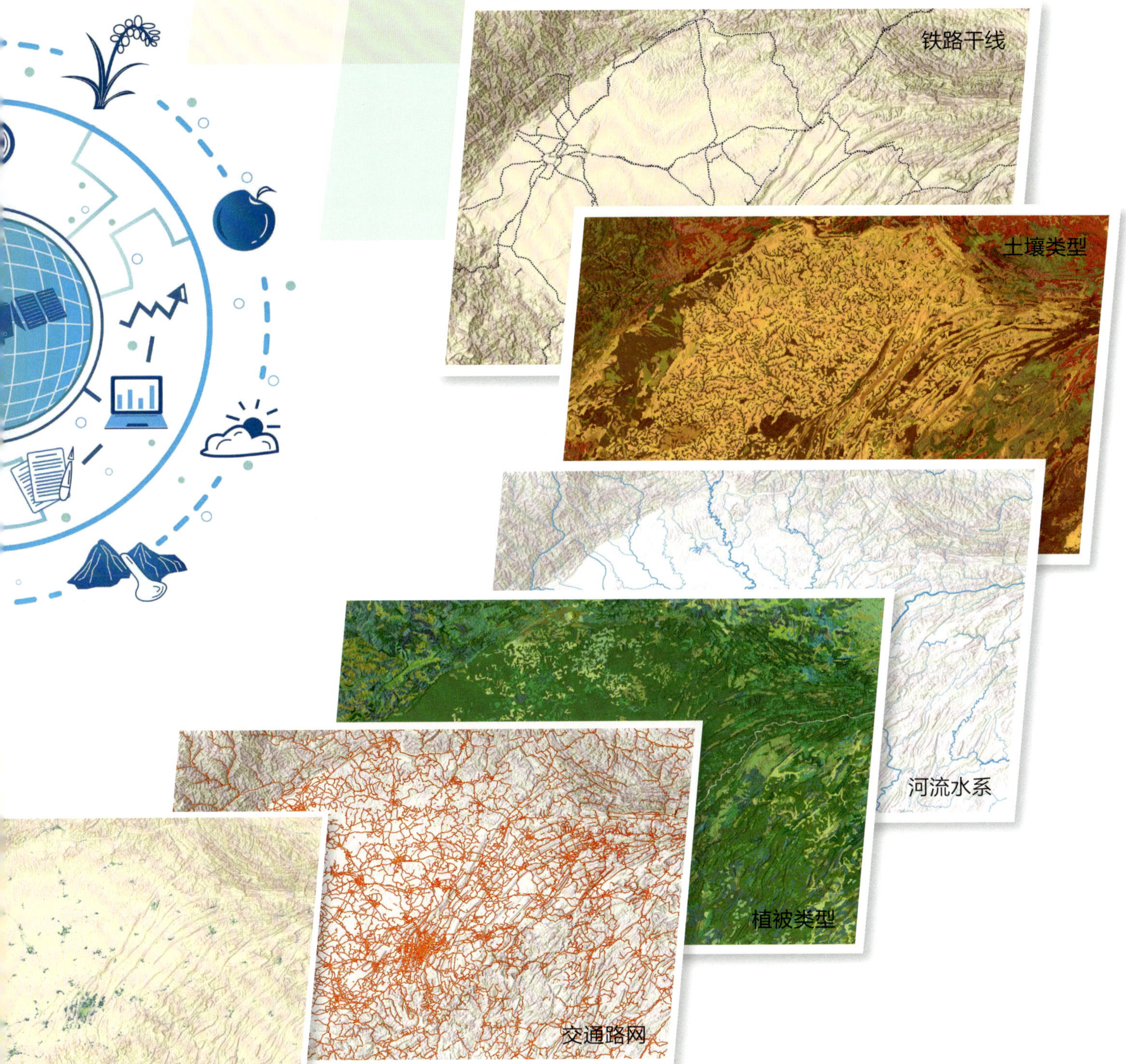
铁路干线
土壤类型
河流水系
植被类型
交通路网
城市扩张

发展历程

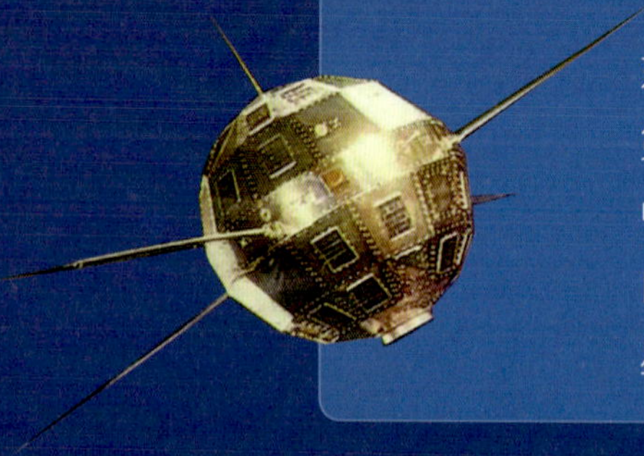

东方红一号卫星，我国第一颗人造地球卫星。中国成为世界上第五个自行研制和发射人造卫星的国家。

斯普特尼克 1 号卫星（苏联），世界第一颗人造卫星。

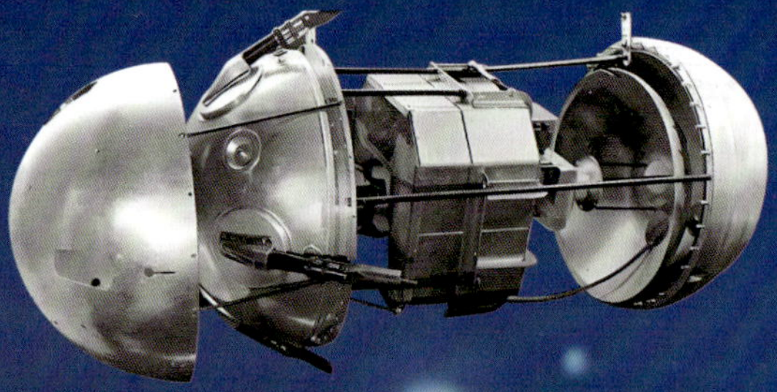

1957

1960

1970

泰罗斯 1 号卫星（美国），世界第一颗遥感卫星。

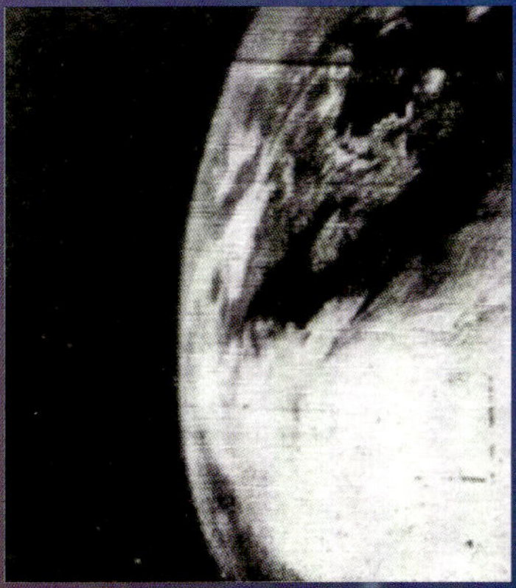

▲世界上第一张来自太空的电视画面

1975

尖兵一号卫星，我国第一颗返回式遥感卫星。中国成为世界上第三个掌握卫星回收技术的国家。

1981

我国首次实现“一箭多星”，即用一枚运载火箭成功发射一组三颗卫星——“科学实验卫星 9 号”。

1984

东方红二号卫星，我国第一颗地球同步轨道卫星。

1988

风云一号 A 星，我国自行研制和发射的第一颗极地轨道气象卫星。

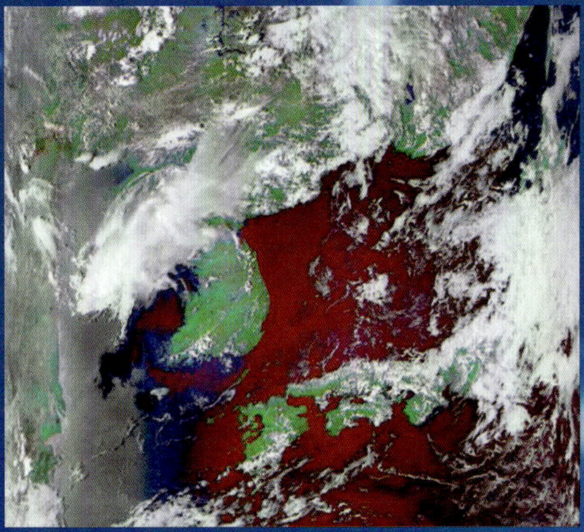

▲新中国第一张卫星云图（风云一号 A 星传回的第一幅彩色合成图像）

1999

中巴地球资源卫星 01 星（中国和巴西联合投资、研制），我国第一颗高速传输型对地遥感卫星。

2002

海洋一号 A 星，我国第一颗用于海洋水色探测的试验型业务卫星。

2005

北京一号小卫星，我国首颗由企业实施、运行的对地观测卫星，国家“十五”科技攻关计划和高技术研究发展计划（863 计划）联合支持的研究成果。

2011

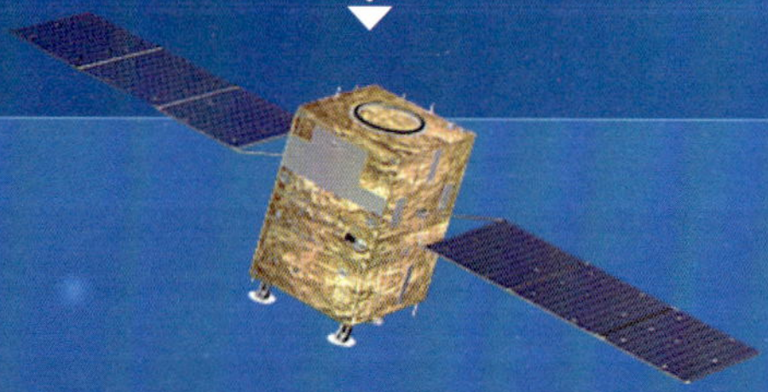

资源一号 02C 星，我国第一颗民用陆地资源业务卫星，标志着中国遥感卫星进入 2 米级时代。

海洋二号 A 星，我国第一颗海洋动力环境卫星。

2012

资源三号 01 星，我国首颗民用高分辨率光学传输型立体测绘卫星，标志着中国遥感卫星进入“立体”时代。

附　录

本书所用的遥感卫星代码及其中文名称对照表

BJ-2	北京二号
BJ-3	北京三号
GF-1	高分一号
GF-1B	高分一号 B 星
GF-1C	高分一号 C 星
GF-1D	高分一号 D 星
GF-2	高分二号
GF-7	高分七号
Landsat5	美国陆地卫星五号
L-SAR	L 波段差分干涉 SAR 卫星
ZY1-02C	资源一号 02C 星
ZY1-02D	5 米光学 01 星 / 资源一号 02D 星
ZY1-02E	5 米光学 02 星 / 资源一号 02E 星
ZY3-01	资源三号 01 星
ZY3-02	资源三号 02 星
ZY3-03	资源三号 03 星

主要参考文献

《李四光画传》编辑组，2009. 李四光画传 [M]. 北京：中国大地出版社.
陈群，段万倜，张详光，等，2018. 李四光传 [M]. 北京：人民出版社.
冯敏，1993. 哈纳斯湖地区地貌与湖的成因 [J]. 冰川冻土（04）：559–565.
顾佳妮，2017. 秦岭太白山第四纪冰川地貌与冰碛物特征研究 [D]. 北京：中国地质大学（北京）.
胡健民，陈虹，2019. 覆盖区区域地质填图指导思想与方法体系的创新与探索——特殊地质地貌区填图试点项目成果概述 [J]. 地质力学学报，25（05）：1001–1002.
康玉柱，邢树文，李会军，等，2019. 中国北方地区构造体系控盆作用与控油分布规律 [J]. 地质力学学报，25（06）：1013–1024.
李东旭，宋立才，张林炎，2019. 旋扭构造研究的进展 [J]. 地质力学学报，25（05）：981–1000.
李三忠，曹现志，王光增，等，2019. 太平洋板块中 – 新生代构造演化及板块重建 [J]. 地质力学学报，25（05）：642–677.
李四光，1973. 地质力学概论 [M]. 北京：科学出版社.
李四光，2016. 天文・地质・古生物 [M]. 北京：地质出版社.
李四光，2021. 李四光科学论著集 [M]. 北京：地质出版社.
刘时银，姚晓军，郭万钦，等，2015. 基于第二次冰川编目的中国冰川现状 [J]. 地理学报，70（01）：3–16.
栾进华，李良林，张瑞刚，2023. 来自地质岁月的印记——重庆经典地质构造科普图集 [M]. 重庆：重庆大学出版社.
吕古贤，2019. 构造动力成岩成矿和构造物理化学研究 [J]. 地质力学学报，25（05）：962–980.
马胜云，马兰，2008. 李四光 [M]. 北京：金城出版社.
苏菲・索罗，2023. 自然瑰宝世界自然遗产精选 [M]. 解俊伟，译. 北京：中国地图出版社.
王二七，2019. 中国现代地质学的奠基人李四光——“地质力学”读书笔记 [J]. 地质力学学报，25（05）：956–961.
闫柏琨，董新丰，于峻川，等，2018. 成像光谱地质遥感 [M]. 北京：地质出版社.
张明杰，秦翔，杜文涛，等，2013. 1957—2009 年祁连山老虎沟流域冰川变化遥感研究 [J]. 干旱区资源与环境，27（04）：70–75.
张其兵，康世昌，王晶，2017. 2000—2014 年祁连山西段老虎沟 12 号冰川高程变化 [J]. 冰川冻土，39（04）：733–740.
赵文津，2019. 发展李四光学术思想，开创新时代的地质事业 [J]. 地质力学学报，25（05）：947–955.
赵文津，白嘉启，2024. 李四光地震预测思想与当前地震形式 [M]. 北京：中国文史出版社.
赵越，闫纪元，2019. 青藏滇缅印尼歹字型构造再认识 [J]. 地质力学学报，25（05）：820–826.
赵志中，钱方，何培元，等，2007. 庐山地质公园的第四纪地质研究 [M]. 北京：地质出版社.

致　谢

本书是“李四光地质科学思想印记”系列科普丛书的开篇之作。李四光地质科学奖基金会为本书的策划构思和内容选题等提供了科学指导和专业支持，为本书的顺利问世奠定了坚实的基础。

在本书的编写过程中，李四光纪念馆邹宗平女士提供了李四光先生的大量手迹、照片等历史资料；中国地质科学院地质力学研究所马寅生研究员和胡健民研究员为本书中有关地质力学、第四纪冰川、石油开发、矿产勘查和地震地质等内容提供了专业指导；二十一世纪空间技术应用股份有限公司为本书提供了北京三号卫星数据；自然资源部国土卫星遥感应用中心的领导为本书的编写和出版给予了大力支持，科技处等部门为本书提供了坚实的业务支持和技术保障，岳庆兴、张伟、刘瑶、李涛、朱广彬、刘宇、刘慧杰等同事为本书提供了丰富的数据和图件资料。除参考地质学、遥感等方面的相关文献和著作外，本书还援引了部分官方机构发布的权威数据。

付梓之际，在此一并表示感谢。

图书在版编目（CIP）数据

李四光地质科学思想：遥感印记 / 齐建伟等编著 . 北京：地质出版社，2024. 10. -- ISBN 978-7-116-14338-8

Ⅰ. P5

中国国家版本馆 CIP 数据核字第 20247J1U56 号

LI SIGUANG DIZHI KEXUE SIXIANG: YAOGAN YINJI

责任编辑：罗军燕　王静怡
责任校对：关凤云
出版发行：地质出版社
社址邮编：北京市海淀区学院路 31 号，100083
电　　话：（010）66554215（邮购部）；（010）66554540（编辑部）
网　　址：https://www.gph.clmpg.com
传　　真：（010）66554686
印　　刷：北京地大彩印有限公司
开　　本：889mm × 1194mm　1/16
印　　张：15.25　　拉页：13 页
字　　数：300 千字
版　　次：2024 年 10 月北京第 1 版
印　　次：2024 年 10 月北京第 1 次印刷
审 图 号：GS 京（2024）1981 号
定　　价：298.00 元
书　　号：ISBN 978-7-116-14338-8